青少年人工智能与编程系列丛书

跟我学 Python 四级

潘晟旻　　　主　编
姜　迪　丁黎明　副主编

清华大学出版社
北京

内 容 简 介

本书以团体标准《青少年编程能力等级 第2部分：Python编程》为依据，内容覆盖该标准Python编程四级的全部12个知识点。全书共12个单元，分为三部分。第一部分为算法基础篇（第1、2单元），主要介绍Python中常见数据结构和算法分析的基础知识，包括堆栈、队列及基本应用、算法的复杂度计算等内容。第二部分为算法提高篇（第3~7单元），主要介绍排序、查找、匹配、蒙特卡罗、分形等常见算法的基本原理和实现方法。第三部分为算法进阶篇（第8~12单元），重点介绍Python中机器学习及人工智能经典算法的基本原理及实践方法，主要包括聚类、预测、调度、分类、路径等算法的讲解。本书适合报考全国青少年编程能力等级考试（PAAT）Python四级科目的考生选用，也是初、高中学段青少年了解和实践机器学习及人工智能编程的较为理想的教材。

本书封面贴有清华大学出版社防伪标签，无标签者不得销售。
版权所有，侵权必究。举报：010-62782989，beiqinquan@tup.tsinghua.edu.cn。

图书在版编目（CIP）数据

跟我学 Python. 四级 / 潘晟旻主编. —北京：清华大学出版社，2023.8
（青少年人工智能与编程系列丛书）
ISBN 978-7-302-64031-8

Ⅰ.①跟… Ⅱ.①潘… Ⅲ.①软件工具–程序设计–青少年读物 Ⅳ.① TP311.561-49

中国国家版本馆 CIP 数据核字（2023）第 126749 号

责任编辑：谢 琛 薛 阳
封面设计：刘 键
责任校对：李建庄
责任印制：丛怀宇

出版发行：清华大学出版社
网　　址：http://www.tup.com.cn, http://www.wqbook.com
地　　址：北京清华大学学研大厦A座　　　邮　编：100084
社 总 机：010-83470000　　　邮　购：010-62786544
投稿与读者服务：010-62776969, c-service@tup.tsinghua.edu.cn
质量反馈：010-62772015, zhiliang@tup.tsinghua.edu.cn

印 装 者：三河市铭诚印务有限公司
经　　销：全国新华书店
开　　本：185mm×260mm　　印　张：13.25　　字　数：245千字
版　　次：2023年9月第1版　　印　次：2023年9月第1次印刷
定　　价：79.00元

产品编号：099518-01

序

Preface

为了规范青少年编程教育培训的课程、内容规范及考试，全国高等学校计算机教育研究会于 2019—2022 年陆续推出了一套《青少年编程能力等级》团体标准，包括以下 5 个标准：

- 《青少年编程能力等级 第 1 部分：图形化编程》（T/CERACU/AFCEC/SIA/CNYPA 100.1—2019）
- 《青少年编程能力等级 第 2 部分：Python 编程》（T/CERACU/AFCEC/SIA/CNYPA 100.2—2019）
- 《青少年编程能力等级 第 3 部分：机器人编程》（T/CERACU/AFCEC 100.3—2020）
- 《青少年编程能力等级 第 4 部分：C++ 编程》（T/CERACU/AFCEC 100.4—2020）
- 《青少年编程能力等级 第 5 部分：人工智能编程》（T/CERACU/AFCEC 100.5—2022）

本套丛书围绕这套标准，由全国高等学校计算机教育研究会组织相关高校计算机专业教师、经验丰富的青少年信息科技教师共同编写，旨在为广大学生、教师、家长提供一套科学严谨、内容完整、讲解详尽、通俗易懂的青少年编程培训教材，并包含教师参考书及教师培训教材。

这套丛书的编写特点是学生好学、老师好教、循序渐进、循循善诱，并且符合青少年的学习规律，有助于提高学生的学习兴趣，进而提高教学效率。

学习，是从人一出生就开始的，并不是从上学时才开始的；学习，是无处不在的，并不是坐在课堂、书桌前的事情；学习，是人与生俱来的本能，也是人类社会得以延续和发展的基础。那么，学习是快乐的还是枯燥的？青少年学习编程是为了什么？这些问题其实也没有固定的答案，一个人的角色不同，便

会从不同角度去认识。

从小的方面讲,"青少年人工智能与编程系列丛书"就是要给孩子们一套易学易懂的教材,使他们在合适的年龄选择喜欢的内容,用最有效的方式,愉快地学点有用的知识,通过学习编程启发青少年的计算思维,培养提出问题、分析问题和解决问题的能力;从大的方面讲,就是为国家培养未来人工智能领域的人才进行启蒙。

学编程对应试有用吗?对升学有用吗?对未来的职业前景有用吗?这是很多家长关心的问题,也是很多培训机构试图回答的问题。其实,抛开功利,换一个角度来看,一个喜欢学习、喜欢思考、喜欢探究的孩子,他的考试成绩是不会差的,一个从小善于发现问题、分析问题、解决问题的孩子,未来必将是一个有用的人才。

安排青少年的学习内容、学习计划的时候,的确要考虑"有什么用"的问题,也就是要考虑学习目标。如果能引导孩子对为他设计的学习内容爱不释手,那么教学效果一定会好。

青少年学一点计算机程序设计,俗称"编程",目的并不是要他能写出多么有用的程序,或者很生硬地灌输给他一些技术、思维方式,要他被动接受,而是要充分顺应孩子的好奇心、求知欲、探索欲,让他不断发现"是什么""为什么",得到"原来如此"的豁然开朗的效果,进而尝试将自己想做的事情和做事情的逻辑写出来,交给计算机去实现并看到结果,获得"还可以这样啊"的欣喜,获得"我能做到"的信心和成就感。在这个过程中,自然而然地,他会愿意主动地学习技术,接受计算思维,体验发现问题、分析问题、解决问题的乐趣,从而提升自身的能力。

我认为在青少年阶段,尤其是对年龄比较小的孩子来说,不能过早地让他们感到学习是压力、是任务,而要学会轻松应对学习,满怀信心地面对需要解决的问题。这样,成年后面对同样的困难和问题,他们的信心会更强,抗压能力也会更强。

针对青少年的编程教育，如果教学方法不对，容易走向两种误区：第一种，想做到寓教于乐，但是只图了个"乐"，学生跟着培训班"玩儿"编程，最后只是玩儿，没学会多少知识，更别提能力了，白白占用了很多时间，这多是因为教材没有设计好，老师的专业水平也不够，只是哄孩子玩儿；第二种，选的教材还不错，但老师只是严肃认真地照本宣科，按照教材和教参去"执行"教学，学生很容易厌学、抵触。

本套丛书是一套能让学生爱上编程的书。丛书体现的"寓教于乐"，不是浅层次的"玩乐"，而是一步一步地激发学生的求知欲，引导学生深入计算机程序的世界，享受在其中遨游的乐趣，是更深层次的"乐"。在学生可能有疑问的每个知识点，引导他去探究；在学生无从下手不知如何解决问题的时候，循循善诱，引导他学会层层分解、化繁为简，自己探索解决问题的思维方法，并自然而然地学会相应的语法和技术。总之，这不是一套"灌"知识的书，也不是一套强化能力"训练"的书，而是能巧妙地给学生引导和启发，帮助他主动探索、解决问题，获得成就感，同时学会知识、提高能力。

丛书以《青少年编程能力等级》团体标准为依据，设定分级目标，逐级递进，学生逐级通关，每一级递进都不会觉得太难，又能不断获得阶段性成就，使学生越学越爱学，从被引导到主动探究，最终爱上编程。

优质教材是优质课程的基础，围绕教材的支持与服务将助力优质课程。初学者靠自己看书自学计算机程序设计是不容易的，所以这套教材是需要有老师教的。教学效果如何，老师至关重要。为老师、学校和教育机构提供良好的服务也是本套丛书的特点。丛书不仅包括主教材，还包括教师参考书、教师培训教材，能够帮助新的任课教师、新开课的学校和教育机构更快更好地建设优质课程。专业相关、有时间的家长，也可以借助教师培训教材、教师参考书学习和备课，然后伴随孩子一起学习，见证孩子的成长，分享孩子的成就。

成长中的孩子都是喜欢玩儿游戏的，很多家长觉得难以控制孩子玩计算机游戏。其实比起玩儿游戏，孩子更想知道游戏背后的事情，学习编程，让孩子

体会到为什么计算机里能有游戏，并且可以自己设计简单的游戏，这样就揭去了游戏的神秘面纱，而不至于沉迷于游戏。

希望这套承载着众多专家和教师心血、汇集了众多教育培训经验、依据全国高等学校计算机教育研究会团体标准编写的丛书，能够成为广大青少年学习人工智能知识、编程技术和计算思维的伴侣和助手。

清华大学计算机科学与技术系教授　郑　莉

2022 年 8 月于清华园

前 言
Foreword

国家大力推动青少年人工智能和编程教育的普及与发展，为中国科技自主创新培养扎实的后备力量。Python语言作为贯彻《新一代人工智能发展规划》和《中国教育现代化2035》的主流编程语言，在青少年编程领域逐渐得到了广泛的推广及普及。

当前，作为一项方兴未艾的事业，青少年编程教育在实施中受到因地区差异、师资力量专业化程度不够、社会培训机构庞杂等诸多因素引发的无序发展状态的影响，出现了教学质量良莠不齐、教学目标不明确、教学质量无法科学评价等诸多"痛点"问题。

本套丛书以团体标准《青少年编程能力等级 第2部分：Python编程》（T/CERACU/AFCEC/SIA/CNYPA 100.2—2019）为依据，内容覆盖标准全部48个知识点。本书对应青少年编程能力Python编程四级。作者充分考虑四级对应的青少年年龄阶段的学业适应度，形成了以知识点为主线，知识性、趣味性、能力素养锻炼相融合的，与全国青少年编程能力等级考试（PAAT）标准相符合的一套适合学生学习和教师实施教学的教材。

"育人"先"育德"，为实现立德树人的基本目标，课程案例融合中华民族传统文化、社会主义核心价值观、红色基因传承等元素，注重传道授业解惑、育人育才的有机统一。融合"标准"、"知识与能力"和"测评"，以"标准"界定"知识与能力"，以"知识与能力"约束"测评"，是本书的编撰原则及核心特色。用规范、科学的教材，推动青少年Python编程教育的规范化，以编程能力培养为核心目标，培养青少年的计算思维和逻辑思维能力，塑造面向未来的青少年核心素养，是本书编撰的初心和使命。

本书由潘晟旻组织编写并统稿。全书共分为12单元，其中，第1单元由刘领兵编写；第2~7单元、附录由姜迪编写；第8~12单元由丁黎明和向维维

编写。

  本书的编写得到了全国高等学校计算机研究会的立项支持（课题编号：CERACU2021P03）。畅学教育科技有限公司为本书提供了插图设计和平台测试等方面的支持。全国高等学校计算机教育研究会—清华大学出版社联合教材工作室对本书的编写给予了大力协助。"PAAT全国青少年编程能力等级考试"考试委员会对本书给予了全面的指导。郑骏、姚琳、石健、佟刚、李莹等专家对本书给予了审阅和指导。在此对上述机构、专家、学者和同仁一并表示深深的感谢！

  祝孩子们通过本教材的学习，能够顺利迈入 Python 编程的乐园，点亮计算思维的火花，用代码编织智能、用智慧开创未来的能力。

作　者

2023 年 7 月

目录
Contents

第 1 单元　堆栈队列 …………………………………………… **001**

　　1.1　认识数据结构 ………………………………………… 002
　　1.2　堆栈 …………………………………………………… 003
　　1.3　队列 …………………………………………………… 009
　　1.4　堆栈和队列的基本应用 ……………………………… 012
　　习题 ………………………………………………………… 017

第 2 单元　算法分析 …………………………………………… **019**

　　2.1　计算的复杂性 ………………………………………… 020
　　2.2　时间复杂度 …………………………………………… 021
　　2.3　空间复杂度 …………………………………………… 029
　　2.4　优秀算法的评价标准 ………………………………… 032
　　习题 ………………………………………………………… 033

第 3 单元　排序算法 …………………………………………… **035**

　　3.1　冒泡排序 ……………………………………………… 036
　　3.2　选择排序 ……………………………………………… 039
　　3.3　直接插入排序 ………………………………………… 042
　　习题 ………………………………………………………… 045

第 4 单元　查找算法 …………………………………………… **047**

　　4.1　顺序查找 ……………………………………………… 049
　　4.2　二分查找 ……………………………………………… 051
　　4.3　插值查找 ……………………………………………… 055
　　习题 ………………………………………………………… 059

第 5 单元　匹配算法 ································· 061

- 5.1　字符串暴力匹配算法（BF 算法）··········· 062
- 5.2　字符串匹配 KMP 算法························· 064
- 5.3　字符串匹配 BM 算法·························· 071
- 习题 ··· 076

第 6 单元　蒙特卡罗算法 ························· 078

- 6.1　蒙特卡罗算法简介······························ 079
- 6.2　蒙特卡罗算法的应用··························· 081
- 习题 ··· 085

第 7 单元　分形算法 ································· 087

- 7.1　大自然中的分形几何··························· 088
- 7.2　Koch 曲线的递归算法·························· 091
- 7.3　分形树的递归算法······························ 094
- 7.4　牛顿迭代算法···································· 096
- 习题 ··· 102

第 8 单元　聚类算法 ································· 103

- 8.1　认识聚类·· 104
- 8.2　鸢尾花分类······································· 106
- 8.3　分散性聚类算法（K-means）················ 107
- 8.4　基于层次的聚类算法 (AGNES) ·············· 114
- 8.5　基于密度的聚类算法 (DBSCAN) ············ 118
- 习题 ··· 124

第 9 单元　预测算法 ································· 126

- 9.1　普通线性回归预测算法························ 127

9.2　岭回归预测算法 …… 133
9.3　Lasso 回归预测算法 …… 137
习题 …… 141

第 10 单元　调度算法 …… 143

10.1　进程调度 …… 144
10.2　先来先服务调度算法 …… 145
10.3　短作业优先调度算法 …… 147
10.4　优先级调度算法 …… 151
习题 …… 156

第 11 单元　分类算法 …… 158

11.1　支持向量机分类算法 …… 160
11.2　*K*- 最近邻算法 …… 161
11.3　随机森林算法 …… 163
习题 …… 169

第 12 单元　路径算法 …… 171

12.1　路径算法概述 …… 172
12.2　迪杰斯特拉算法 …… 174
12.3　弗洛伊德算法 …… 179
12.4　SPFA 算法 …… 186
习题 …… 189

附录 A　人工智能及机器学习基础 …… 191

"小帅,听说巧妙的程序不仅是算法巧妙,还可能用到堆栈和队列?这是什么呢?"

"据说编程要上升境界就会用到这些,称为数据结构。我们用过的 list、set 和 dict 也是数据结构。堆栈和队列也有它们的特点和使用规范。"

　　Python 是一门较新的语言,内置了大量的容器类(组合类型),例如 list、dict 等。这些非常有用的类型,能够用以实现按照顺序或者按照"键 - 值"的映射等灵活的方式组织数据。这实际触及了计算机科学中的数据结构的概念,只是我们更多地停留在使用的层面,并没有有意强调数据结构的含义。本单元将带你初步认识和了解数据结构中线性表的概念以及两种特殊的线性表结构——堆栈和队列。

1.1　认识数据结构

　　学习 Python 很容易遇到使用 list 类型的场合。例如,将太阳系中八大行星的名称作为一组数据,依据距离太阳的远近顺序组织在一起时,可以使用 list 类型表示如下。

```
planets = ['水星','金星','地球','火星','木星','土星','天王星',
          '海王星']
```

　　在天文学历史上,太阳系曾经被认定有九大行星。2016 年,天文界依据新的大行星标准,将冥王星从九大行星中"开除",这一过程通过 list 类型加以实现,代码如下。

```
planets = ['水星','金星','地球','火星','木星','土星','天王星',
          '海王星','冥王星']
planets.remove('冥王星')          # 或者 del planets[-1]
```

列表有顺序，如 list[0] 在 list[1] 之前。访问离太阳最近和最远的行星：

```
>>> planets[0], planets[-1]
('水星', '海王星')
```

list 类型是一种典型的线性数据结构。数据结构是带有结构特性的数据元素的集合，它研究数据的逻辑结构和数据的物理结构以及它们之间的相互关系，并对这种结构定义相适应的运算。线性结构说明数据元素间有一对一的相互关系。按照数据结构的术语，list 被称为线性表。数据结构还可以有更复杂的树状结构（试想恒星、行星和卫星之间的关系）和图结构等，适用于描述数据元素之间一对多或多对多的更一般的关系。增加、删除元素操作就是典型的数据结构上的运算。

本单元探讨堆栈和队列两种特殊的线性结构。它们都是特殊的线性表，或者说操作受限的线性表，并且在计算机科学和实际的编程中都有着重要的作用。

1.2 堆 栈

堆栈是一种特殊的线性表。

1. 什么是堆栈

图 1-1 是一摞餐盘。如果总是从最顶上拿下来一个餐盘，也总是在最顶上放上去一个餐盘，那么这一摞餐盘就已经是一个堆栈了，也正是这样的操作特点使得它成为一个堆栈。

图 1-1　一摞餐盘

以一个更加具体的例子来说明。试想，现在有一只玻璃筒，它的底部封闭，顶部开口，它的粗细只能容纳一只乒乓球，现在有 4 只乒乓球，分别被标记了 1，2，3，4 的序号。可以思考以下操作序列，如图 1-2 所示。

（1）向桶内放入 1 号。
（2）向桶内放入 2 号。
（3）向桶内放入 3 号。
（4）从桶内拿出 3 号。
（5）向桶内放入 4 号。
（6）从桶内拿出 4 号。
（7）从桶内拿出 2 号。
（8）从桶内拿出 1 号。

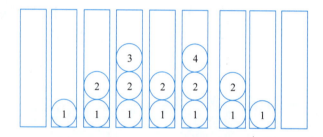

图 1-2　玻璃筒中放入和拿出编号的乒乓球

试想，在第（2）步，我们能不能把操作换成"在桶底插入 2 号"，在第（3）步，我们能不能把操作换成"从桶内拿出 1 号"？为什么？

显然，上面的操作都是不允许的。究其原因，这里面反映了操作受到限制。这样的限制就是堆栈的本质特点。堆栈（stack）也称栈，是限定在同一端插入元素和删除元素的线性表。能够执行插入和删除元素的一端称为栈顶，不能执行这些操作的另一端称为栈底。由于这样的操作限制，堆栈是具有 LIFO（Last In, First Out, 后进先出）特征的容器。把向堆栈中插入元素的操作称为进栈（或入栈，push），把从堆栈中删除元素的操作称为退栈（或出栈，pop）。此外，判断栈是否为空以及获取栈顶元素（注意不是出栈）的操作也非常有用。

【问题 1-1】　如果 1，2，3，4 依次入栈，可不可能有"1，2，3，4"

的出栈序列，可不可能有"4，3，2，1"的出栈序列，可不可能有"3，4，1，2"的出栈序列？（提示：入栈和出栈操作可能以不同先后顺序穿插进行）。

2. 堆栈有什么作用

堆栈的 LIFO 在很多场合发挥了重要的作用。一些典型的使用场合如下。

（1）编程语言千百万，函数调用都用栈。

学习过编程语言的人都知道，编程语言里大都支持函数调用。例如，main( ) 函数调用 f( ) 函数，f( ) 函数又进一步调用 g( ) 函数等。这个过程可以这样一直进行下去。但当返回时，显然是最后被调用的函数最先返回。因此，某一个时刻函数相互调用的这种关系，通常被称为函数栈。

（2）用于括号匹配、表达式解析甚至是编程语言的语法分析。

在一个包括小括号或者包括小括号、中括号和大括号的文本串中，如果要检查括号匹配是否符合表达的规范（假定小括号可以出现在中括号的内部，括号要左右配对，"[( )]"符合规范，而"[ )] ("则不符合规范），可以借助一个栈，遇到文本串的左括号时，检查是否符合规则，符合则入栈。在遇到文本串中的右括号时，检查栈顶是否是相匹配的对应括号，如果是，则栈顶元素出栈。文本串中的括号处理完毕时，如果栈恰好是空栈，则匹配成功，否则就表明匹配有误。

表达式解析也可以运用类似的手段。例如，"3+4*5"、"3*4+5"或"3+*45"这样的表达式，可以在巧妙的算法控制下，在两个分别设置的容纳操作数和容纳操作符的栈中进行入栈和出栈操作，便能准确地判断表达式是否合法，甚至能够给出表达式的计算次序。1.4 节将展示这方面的应用。

（3）在回溯算法和递归算法方面的运用。

回溯算法强调在进行一些尝试和探索后，程序能够回退到原有的状态。递归算法实现时，相当于用函数栈保存这样的状态。通过把对算法的问题求解状态在栈中进行管理，就可以借助栈进行递归回溯算法的非递归实现。例如，寻找解迷宫中的路径就可以借助栈来支持带回溯特点的路径探索。

3. Python 中的栈编程

Python 并没有专门提供栈结构。但有两种方案可以让你在 Python 中进行栈的编程。

（1）方案一：在 list 中只做 append(item) 和 pop( )（注意，调用时不提供

任何参数）的调用。

这样的编程风格相当于遵循栈只在 list 线性表的末端进行插入元素和移除元素的操作。例如，下面的程序中，st 开始是一个空的列表，之后，按照前述在球桶上的 8 个步骤的操作，分别调用 st.append(n) 或者 st.pop( ) 方法，在列表的末端附加元素，或者从列表的末端移除元素，可以从每一条语句的输出看到语句执行后列表（或栈）中元素的情形。

为了节省版面，示例中在调用 st.append(n) 时，使用了 st.append(n) or st 的语句形式，利用 or 左操作数为 None 时结果为右侧操作数的运算规则，在控制台打印 st 的内容。在调用 st.pop( ) 时，使用了"st.pop( ), st"的形式，以元组的形式在控制台打印出栈元素以及当前栈中元素的情形。

```
>>>st = []
>>>st.append(1) or st
[1]
>>>st.append(2) or st
[1, 2]
>>>st.append(3) or st
[1, 2, 3]
>>>st.pop(), st
(3, [1, 2])
>>>st.append(4) or st
[1, 2, 4]
>>>st.pop(), st
(4, [1, 2])
>>>st.pop(), st
(2, [1])
>>>st.pop(), st
(1, [])
```

（2）方案二：自定义一个 Stack 类，通过面向对象的封装特性，对外仅提供作为栈应该提供的可用操作。这样便于提供一个可复用且功能单一的类。Stack 类如图 1-3 所示。

按照图 1-3 中 Stack 的功能特性，定义 Stack 类如下。

Stack
- data，用于保存栈中元素的容器，可使用list类
+ push(item)，入栈元素，无返回值 + pop()，出栈元素，返回栈顶元素 + peek()，获取栈顶元素，但不做栈顶元素的出栈 + is_empty()，判断栈是否为空，返回True/False + clear()，清空栈

图 1-3　Stack 类的类图

```python
stack.py
class Stack:
    def __init__(self):            # 初始化空栈
        self.items = []

    def __repr__(self):            # 用于 repr(obj)，内部的字符串表示
        return repr(self.items)

    def __str__(self):             # 用于 str(obj)，易于阅读的字符串表示
        return str(self.items)

    def __len__(self):             # 用于 len(obj)，栈长度
        return len(self.items)

    def push(self, item):          # 入栈
        self.items.append(item)

    def pop(self):                 # 出栈
        return self.items.pop()

    def peek(self):                # 获取栈顶元素
        return self.items[-1]

    def is_empty(self):            # 判断栈是否为空
        return len(self.items) == 0

    def clear(self):               # 清空栈
        self.items.clear()
```

Stack 类使用 list 类型的成员 items 容纳元素，并且将 items 列表的尾部作为栈顶。push( )、pop( ) 和 peek( ) 等操作都是在栈顶位置进行。从而对外达到了封装和限制列表使用的特点，符合栈的操作要求。

下面的程序使用 Stack 类。

```
stack_use.py（注：和 stack.py 在相同目录。）
from stack import Stack
st = Stack()
st.push(1) or print(st)
st.push(2) or print(st)
st.push(3) or print(st)
st.pop(), print(st)
st.push(4) or print(st)
st.pop(), print(st)
st.pop(), print(st)
st.pop(), print(st)
```

```
[1]
[1, 2]
[1, 2, 3]
[1, 2]
[1, 2, 4]
[1, 2]
[1]
[]
```

这个程序也完成了前述玻璃筒中放入和取出乒乓球的示例中所提到的 8 个操作步骤。显然，这次的代码更加清晰，可读性更好。

【问题 1-2】 假设下列程序中的 Stack 类已经正确定义和导入，试说明程序的输出结果以及程序的功能。

```
n = 25
st = Stack()
while True:
    if n == 0:
        if st.is_empty():
            st.push(0)
        while not st.is_empty():
            print(st.pop(), end='')
        break
```

```
st.push(n % 2)
n //= 2
```

1.3 队　　列

队列也是一种特殊的线性表。

 1. 队列和它的作用

队列和堆栈类似，也是一种操作受限的线性表。具体地说，队列（queue）是限定在线性表的一端插入元素，在另一端删除元素的线性表。队列的情形在日常生活中更为普遍，每一个人都有排队的经历，这就是典型的队列。在队尾插入元素的操作称为入队（enqueue），从队首移除元素的操作称为出队（dequeue），如图1-4所示。

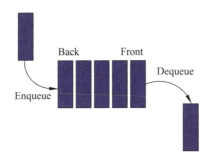

图1-4　队列的结构和操作

如果1，2，3，4依次入队，出队的序列只可能有一种，那就是"1，2，3，4"。容易看出，队列具有FIFO（First In, First Out，先进先出）特征。

队列的操作特征看似了然无趣，但它却在调度方面被广泛使用。操作系统会把系统中等待使用CPU的多个进程排成一个队列，发送到打印机的多个打印文档任务也会被排成队列，在先到先服务的原则下，容易想象，队列是调度管理场合选用容器的不二之选。实际使用的队列可能比刚才所述的队列更为复杂，例如，考虑了不同进程的优先级的情况下，使用优先级队列比普通队列更

能有效服务于恰当的调度策略。

 Python 中的队列编程

这里也提供两种方案可以让你在 Python 中感受队列的编程。

（1）方案一：在 list 只做 insert(0, item) 和 pop()（注意，这样做的话，概念中的队首相当于列表的尾端）的调用，或者只做 append(item) 和 pop(0)（这对操作的风格更符合在线性表尾端插入元素和线性表首部移除元素的思维）。显然这些做法都满足在一端插入元素，在另一端移除元素的队列操作限制。

（2）方案二：自定义一个 Queue 类，通过面向对象的封装特性，对外仅提供作为队列应该提供的可用操作，代码（myqueue.py）如下。

```python
class Queue:
    def __init__(self):          # 初始化空队
        self.items = []

    def __repr__(self):          # 用于 repr(obj)，内部的字符串表示
        return repr(self.items)

    def __str__(self):           # 用于 str(obj)，易于阅读的字符串表示
        return str(self.items)

    def __len__(self):           # 用于 len(obj)，队列长度
        return len(self.items)

    def enqueue(self, item):     # 入队
        self.items.append(item)

    def dequeue(self):           # 出队
        return self.items.pop(0)

    def peek(self):              # 获取队首元素
        return self.items[0]

    def is_empty(self):          # 判断队列是否为空
```

```
            return len(self.items) == 0

    def clear(self):                    # 清空队列
        self.items.clear()
```

Queue 类使用 list 类型的成员 items 容纳元素，并且将 items 列表的尾部作为队尾，将 items 列表的首部作为队首。enqueue( ) 方法将元素附加在队尾，dequeue( ) 方法从队首移除元素。从而对外达到了封装和限制列表使用的特点，符合队列的操作要求。

下面的程序使用 Queue 类。

queue_use.py（注：该文件要和 myqueue.py 保存在相同目录。）

```
from myqueue import Queue

q = Queue()
for i in range(1, 5):
    q.enqueue(i)
    print(q)

while not q.is_empty():
    print(q.dequeue(), q)
```

```
[1]
[1, 2]
[1, 2, 3]
[1, 2, 3, 4]
1[2, 3, 4]
2[3, 4]
3[4]
4[]
```

虽然在使用 Python 编程时更关注 Python 语言的易用性，对性能一般不做过多强调，但在用 list 作为本例 Queue 类的内部实际存储来说，是有显著的性能问题的。用算法时间复杂度来说，Queue 类的 dequeue( ) 操作的时间复杂度是 $O(n)$，因为其中会涉及大量元素的移动。示意如图 1-5 所示，从列表开始位置删除元素后，后续元素需要前移，因此当列表长度越长时，删除元素代价越大。

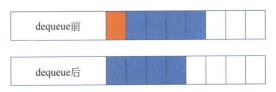

图 1-5　dequeue( ) 操作前后示意

如果处理的问题中队列很长，并且你关心潜在的性能问题。可以基于collections库中的deque类，而不是list来实现你的队列类，或者直接使用deque。deque代表double ended queue，即双端队列，可以在队列的两端任意一端插入或移除元素，并且该类在实现上能够保证，不管在哪一端移除元素都是O(1)的时间复杂度，简单地说，在短的队列中或者长的队列中移除队首元素性能是一致的。

Python虽然没有像list那样提供stack或者queue的内置类型，但它在queue库里提供了多线程安全的队列和栈类型——Queue和LifoQueue，侧重点已经不在于栈和队列，而是强调多个线程同时操纵同一个数据结构时，不会出现不合理竞争访问情况。感兴趣的读者可以自行了解。

1.4　堆栈和队列的基本应用

1. 堆栈应用举例

熟悉编程的我们，对表达式并不陌生，例如，"3*(2+1)"就是一个典型的四则运算的表达式，我们熟知数学上以及Python程序设计上相应的计算规则，在头脑中便会立即进行相应的计算，并得到结果9。但计算机是如何对这个表达式求值的呢？下面看看如何巧妙地利用栈结构实现对四则运算表达式的求值。

为什么这里要使用栈呢？初看起来，感觉不到它的用武之地，但观察上面的"3*(2+1)"，你就会发现，虽然乘运算符很早被你看到，但乘运算是要在计算完2+1后才进行3*3的运算的。似乎有那么一点点FILO的感觉。之所以会这样，是因为我们习惯一种称为"先算括号内，后算括号外"的算术规则。实际上，计算机求解表达式的规则并不是"先算括号内，后算括号外"，本质上说是先计算优先级更高的运算。就像"1+2*3"中，显然先计算2*3部分一样，也就是说，在计算2*3之前，一定要先把待运算的+运算以及它的一个操作数暂时保存在某处，等待恰当的时机再投入运算。

为了更深入地理解计算的规则，试想一下"5*(4-3*2)+1"的计算过程。可以结合图1-6理解,在表达式中从左向右查看,首先遇到的是作为操作数的5、运算符*，但其后出现的"("，导致了*运算被暂时搁置。大家熟知四则运算

中乘除的计算要优先于加减运算，基于优先级的认识，我们用

$$*<($$

表示乘运算优先级小于左括号。这样一来，就说明一个运算被搁置的本质原因在于其右侧的运算符具有更高的优先级，否则在左边的运算符优先级更高，或者左边和右边的运算符优先级相同时，则会先完成左边的运算。

图1-6不仅展示了详细的计算过程。如果把图逆时针旋转90°，还能启发对数据结构和算法的思考。这种"计算步骤"似乎在一个栈中，在栈顶压入一个优先级更高的其他计算步骤时，会导致当前栈顶的计算步骤被推迟进行。投入计算的计算步骤总是发生在栈顶，并且发生在栈顶元素比右侧待处理运算符优先级更高或者右侧没有更多运算符的情况下。一次计算产生的值会再次进入计算步骤，使得前面被搁置的计算得以具备充足的操作数，当然也可以作为整个计算过程的最后结果。

图1-6 表达式计算过程示例

基于这样的分析和理解，我们可以提出这样的算法。

（1）设置一个运算符栈以及一个操作数栈，分别用于保存运算符和操作数。

（2）对表达式从左向右扫描，重复（3）~（5）直至扫描到表达式结束。

（3）当扫描到的是数值时，将数值压入操作数栈。

（4）当扫描到的是运算符（包括 '+'、'−'、'*'、'/'、'(' 和 ')' 六种运算符）时，根据运算符栈栈顶元素的优先级是否大于扫描到的运算符做不同处理。如果栈顶元素优先级大于扫描到的运算符的优先级，则弹出运算符栈栈顶元素（称其为op）并从操作数栈依次弹出两个元素（称其为v2，v1），完成

v=v1 op v2 的计算并将 v 压入操作数栈。重复本步骤，直到运算符栈为空或者栈顶元素的优先级不高于扫描到的运算符。

（5）如果扫描到的运算符是'）'，出栈栈顶元素'（'对应正确的表达式，此时栈顶应为对应的左括号'）'；对于其他运算符，将扫描到的运算符压入运算符栈。

（6）弹出运算符栈栈顶元素（称其为 op）并从操作数栈依次弹出两个元素（称其为 v2,v1），完成 v=v1 op v2 的计算并将 v 压入操作数栈。重复本步骤，直到运算符栈为空。

根据描述的算法，可以写出如下程序。

```python
from stack import Stack

# 如果 op1 的优先级高于 op2，返回 True，否则返回 False
def higher_than(op1, op2):
    if op1 in ['-', '+'] and op2 in ['*', '/']:
        return False
    elif op1 == '(' or op2 == '(':
        return False
    else:
        return True

# 执行一次基本的 "val1 op val2" 四则运算
def apply_operation(op, val1, val2):
    if   op == '+': return val1 + val2
    elif op == '-': return val1 - val2
    elif op == '*': return val1 * val2
    elif op == '/': return val1 / val2

def eval_exp(exp):
    ops, vals = Stack(), Stack()
    num = 0
    for i in range(len(exp)):
        c = exp[i]
        if '0' <= c <= '9':
```

```python
            num = num * 10 + (ord(c) - ord('0'))
            if i+1 == len(exp) or not '0' <= exp[i+1] <= '9':
                vals.push(num)
                num = 0
        elif c in ['+', '-', '*', '/', '(', ')']:
            while not ops.is_empty() and higher_than(ops.peek(), c):
                v2, v1 = vals.pop(), vals.pop()
                val = apply_operation(ops.pop(), v1, v2)
                vals.push(val)

            if c == ')':
                assert not ops.is_empty() and ops.peek() == '('
                ops.pop()
            else:
                ops.push(c)

    while not ops.is_empty():
        v2, v1 = vals.pop(), vals.pop()
        val = apply_operation(ops.pop(), v1, v2)
        vals.push(val)

    return vals.pop()

exp = input('请输入一个表达式: ')
print(eval_exp(exp))
```

程序 higher_than( ) 函数参考表 1-1 实现两个运算符优先级的大小比较。

表 1-1 运算符之间的优先关系

θ_1 \ θ_2	+	-	*	/	(	)
+	>	>	<	<	<	>
-	>	>	<	<	<	>
*	>	>	>	>	<	>

续表

θ_1 \ θ_2	+	−	*	/	(	)
/	>	>	>	>	<	>
(	<	<	<	<	<	≑
)	>	>	>	>		>

> **说明:**
> 　　表中展示的是 θ_1 和 θ_2 的优先级关系。易于理解的是 * > + 这样的关系，而定义 + > + 这样的关系，刚好能够服务于同级别运算自左向右的结合性。

在输入前面介绍的例子中用到的表达式时，程序运行情况如下。

```
请输入一个表达式: 5*(4-3*2)+1
-9
```

输入一个更加复杂的表达式，可以看到程序仍然能够正确计算。

```
请输入一个表达式: (((1+2*3)/4-5)*6)+7*8-9
27.5
```

2. 队列应用举例

设想这样的一个报数游戏，有 n 个人排成一队，这 n 个人的编号依次为 1，2，…，n。从左到右依次报数，报数为"1，2，1，2，…"，数到"1"的人立即出列，数到"2"的人站到队伍的最右端。报数过程反复进行，直到所有人都出列为止。请给出这 n 个人的出列顺序。

求解这样的问题，很难利用解析式的计算手段去给出结果序列。但利用队列这种数据结构，则能够很容易地"仿真"这一游戏过程。

```
from myqueue import Queue
q = Queue()
for i in range(1, 9):
    q.enqueue(i)
while not q.is_empty():
```

```
        print(q.dequeue(), end=" ")
        if not q.is_empty():
            q.enqueue(q.dequeue())
```

程序运行时,输出结果如下。

```
1 3 5 7 2 6 4 8
```

"本单元主要学习了堆栈和队列的处理,它的核心是利用操作受限的线性表,重点在于栈和队列的巧妙运用。本单元后面的习题,有助于检验大家的学习效果,抓紧做一下吧。"

习　题

1. 堆栈和队列属于哪种数据结构？（　　）
   A. 集合结构　　　B. 线性结构　　　C. 树状结构　　　D. 图结构
2. 若一个堆栈的输入序列是 1,2,3,…,N,输出序列的第一个元素是 N,则第 i 个输出的元素是（　　）。
   A. $N-i-1$　　　B. $N-i$　　　C. $N-i+1$　　　D. 不确定
3. 一个队列的入队序列是 1,2,3,4,则可能的输出序列是（　　）。
   A. 4,3,2,1　　　　　　　　B. 1,2,3,4
   C. 1,4,3,2　　　　　　　　D. 3,2,4,1
4. 假定 Stack 类已经正确定义和导入,运行下列程序的输出结果是（　　）。

```
st = Stack()
for i in range(10):
    if st.is_empty() or st.peek() % 2 == 1:
        st.push(i)
    else:
```

```
        print(st.pop(), end=' ')
        st.push(i)
    else:
        while not st.is_empty():
            print(st.pop(), end=' ')
```

  A. 9 8 7 6 5 4 3 2 1 0   B. 1 3 5 7 9 8 6 4 2 0

  C. 0 2 4 6 8 9 7 5 3 1   D. 0 2 4 6 8 1 0 9 7 5 3 1

5. 假定 Queue 类已经正确定义和导入，运行下列程序的输出结果是（　　）。

```
q = Queue()
s = 'A queue is a first-in-first-out (FIFO) data structure.'
for c in s:
    if c.isalpha():
        q.enqueue(c.lower())
    else:
        while not q.is_empty():
            print(q.dequeue(), end='')
```

  A. A queue is a first-in-first-out (FIFO) data structure.

  B. a queue is a first-in-first-out (fifo) data structure.

  C. aqueueisafirst-in-first-out(fifo)datastructure.

  D. aqueueisafirstinfirstoutfifodatastructure

6. 编写程序基于堆栈的编程实现括号匹配，要求如下。

（1）使用 input( ) 函数输入可能含有（、）、[或]（小括号和中括号）的一串文本。

（2）通过编程判断文本中的括号是否满足正确的左右匹配。

（3）根据括号是否匹配，输出"匹配"或"不匹配"。

> **说明：**
>
> （1）是否匹配的检查中，忽略（、）、[和] 以外的任何字符。小括号和中括号均按左括号和右括号配对，并且可以相互嵌套，但不能产生小括号和中括号交叉。例如，"(( ))"和"([(([ ]))])"都视为匹配，但")(""( ]"和"([ )]"都视为不匹配。如果输入文本串中不含有任何括号，也视作匹配。
>
> （2）input( ) 函数不使用任何提示参数，输出结果不使用任何多余字符。

"小帅,把大象放到冰箱里需要分为几步?"

"三步!第一步,把冰箱门打开;第二步,把大象放进去;第三步,把冰箱门关上,搞定!"。

所谓算法,简单地说就是计算或解决特定问题的步骤。通过前面单元的学习,我们知道,一个合格的算法需要具备如下5个基本特征。

(1)输入:0个或多个输入。

(2)输出:1个或多个输出。

(3)有穷性:算法的执行步骤是有限的,且每一个步骤的执行时间是可容忍的。

(4)确定性:算法的每一步骤均具有确切的含义,不允许出现歧义。

(5)可行性:算法的每一步骤都可以通过已经实现的基本运算执行有限次数来实现。

等等,这只是合格的算法,如果一个问题有多种解法,怎样来评价不同解法(算法)的好坏呢?当然有办法,在本单元中我们将学习算法优劣的评价方法。

2.1　计算的复杂性

经过一段时间的学习,大家潜移默化间已经接触过很多的算法了,例如,使用穷举法求解百鸡百钱问题,使用函数的递归调用求解汉诺塔问题等。在惊叹于算法强大的同时,大家一直都忽视了一个问题,那就是算法的计算成本。

"老师,计算成本是什么?是说使用计算机时消耗了多少电?死了多少脑细胞吗?"

第 2 单元 算法分析

计算成本可以简单理解成"计算问题时所需的资源",比如时间(要通过多少步才能解决问题)和空间(在解决问题时需要多少内存)。我们通常将算法的计算成本称为"计算复杂性"。

> 计算复杂性就是使用数学方法对计算中所需的各种资源的耗费做定量的分析,并研究各类问题之间在计算复杂程度上的相互关系和基本性质,是算法分析的理论基础。

评价算法的优劣就是对算法计算成本(时间成本和空间成本)的比较与考量。同一问题可用不同算法求解,而一个算法的质量优劣将直接影响到程序的执行效率。因此,针对算法的评价主要从时间复杂度和空间复杂度两方面来考虑。

2.2 时间复杂度

 1. 什么是时间复杂度

时间成本又称为时间复杂度(或"时间复杂性")。算法的时间复杂度是一个函数,它定性描述该算法的运行时间,通常是在不运行程序的情况下,使用算法中语句的执行次数来计算。

"为什么不直接使用算法的运行时间衡量时间复杂度啊?"

"而且怎么可能在不执行程序的情况下知道算法的时间复杂度呢?"

时间复杂度关注的并不是一个程序解决问题需要花多长时间,而是当问题

规模扩大后，程序需要的时间长度增长得有多快。对于高速处理数据的计算机来说，处理某一个特定数据的效率不能衡量一个程序的好坏，而应该看当这个数据的规模变大到许多倍后，程序运行的效率。

一个算法执行所耗费的时间，从理论上讲是不能通过计算得出的，必须上机运行测试才能得知。但我们不可能也没有必要对每个算法都上机测试。而且，一个算法花费的时间与算法中语句的执行次数成正比，哪个算法中语句执行次数多，它花费的时间就多。

一个算法中的语句执行次数称为语句频度或时间频度，记为 T(n)。

在时间频度中，n 称为问题的规模，当 n 不断变化时，T(n) 也会不断变化。有时我们想知道它呈现出怎样的变化规律，为此引入了时间复杂度的概念。

一般情况下，算法中基本操作重复执行的次数是问题规模 n 的某个函数，用 T(n) 表示，若有某个辅助函数 f(n)，使得当 n 趋近于无穷大时，T(n)/f(n) 的极限值为一个不等于零的常数，则称 f(n) 是 T(n) 的同数量级函数。令 T(n)=O(f(n))，称 O(f(n)) 为算法的渐进时间复杂度，简称时间复杂度。

大 O 表示法：

O(f(n)) 的表达方式被称为"大 O 表示法"，它表示程序的执行时间或占用空间随数据规模的增长趋势。大 O 表示法就是将代码的所有步骤转换为关于数据规模 n 的公式项，然后排除不会对问题的整体复杂度产生较大影响的低阶系数项和常数项。

2. 时间复杂度的计算方法

求解算法的时间复杂度的具体步骤如下。

（1）找出算法中的基本语句。

算法中执行次数最多的那条语句就是基本语句，通常是最内层循环的循环体。

（2）计算基本语句执行次数的数量级。

只需计算基本语句执行次数的数量级，这就意味着只要保证基本语句执行次数的函数中的最高次幂正确即可，可以忽略所有低次幂和最高次幂的系数。这样能够简化算法分析，并且使注意力集中在最重要的"增长率"上。

（3）用大O记号表示算法的时间性能。

将基本语句执行次数的数量级放入大O记号中，如果算法中包含嵌套的循环，则基本语句通常是最内层的循环体；如果算法中包含并列的循环，则将并列循环的时间复杂度相加。

"老师，我有点晕！看了步骤也不知道该怎么计算啊！"

不要急，下面就用例子来讲解下时间复杂度的求解方法，一个算法的时间复杂度大体可以分为以下几种情况。

（1）常数级复杂度。

如果不管数据的规模如何增长，算法求解所需时间始终是不变的，我们就说这个程序具有$O(1)$的时间复杂度，也称常数级时间复杂度。

例如，交换 x 和 y 的值：

```
x=10
y=20
print("交换前: x={}, y={}".format(x, y))
x, y = y, x
print("交换后: x={}, y={}".format(x, y))
```

以上5条单个语句的频度均为1，该程序的执行时间是一个与问题规模 n 无关的常数。算法的时间复杂度为常数阶，记作 $T(n)=O(1)$。如果算法的执行时间不随着问题规模 n 的增加而增长，即使算法中有上千条语句，其执行时间也不过是一个较大的常数。此类算法的时间复杂度是 $O(1)$。

【问题2-1】 如下代码的时间复杂度是（　　　）。

```
print('Hello World')
print('Hello Python')
print('Hello Algorithm')
```

A. O(1) B. O(n^2)
C. O(n) D. O(log$n$)

（2）多项式级复杂度。

如果求解一个问题需要的运算次数或步骤是问题规模 n 的多项式函数，则称该问题有多项式级时间复杂度。

常见的多项式级时间复杂度及其量级关系为：

$$O(1)<O(\log n)<O(n)<O(n\log n)<O(n^2)<O(n^3)$$

① O(n) 级时间复杂度。

如果数据规模变得有多大，花费的时间也相应变得有多长，那么该算法具有线性级时间复杂度，记作 O(n)。例如，采用从头至尾的顺序查找方式，在 n 个数字中查找某一特定值时，程序的时间复杂度即为 O(n)。

"老师，找东西我最擅长了！你说查找数字，这和运气有关吧！运气好，第一次就找到了，运气不好，可能要到最后才能找到。"

 "小帅说得对！算法在执行时会有三种情况：最好情况、平均情况和最坏情况。在使用大 O 表示法分析时间复杂度时，我们选择的是最坏情况下的时间复杂度。"

对于多项式时间复杂性的计算，我们就以整数求和的代码为例。

求 $1+2+\cdots+n=\sum\limits_{i=1}^{n} i$。

```
s=0
for i in range(1, n+1):
    s=s+i
print(s)
```

代码中，核心语句 s=s+i 会执行 n 次，因此可以得到 $T(n)=(n)=O(n)$，该程序的时间复杂度为 O(n)。

"老师，不对！是 n+2，因为 s=0 和 print(s) 各执行了一次，它们也要加上！"

时间复杂度的全称是"渐进时间复杂度"。之所以称之为"渐进"，是因为采用了渐进式记法来估算复杂度。对于多项式级复杂度的计算，我们会舍去执行频次函数的低阶项、常数项，用最高阶项来估计，并忽略高阶项的系数。

"在计算算法的时间复杂度时，往往只计算其核心语句执行次数的量级，而非精确计算每条语句的执行次数，究其原因主要有二：
- 在较复杂的算法中，进行精确分析是非常复杂的。
- 实际上，大多数时候我们并不关心 $f(n)$ 的精确度量，而只是关心其量级。"

② $O(n^2)$ 级复杂度。

如果数据规模扩大 2 倍，执行时间扩大 4 倍，这就属于平方级时间复杂度，记作 $O(n^2)$。像冒泡排序、插入排序等算法（后续单元引入）就拥有该级别的时间复杂度。

以下程序的时间复杂度即为 $O(n^2)$。

```
s=0
for i in range(1, n+1):
    for j in range(1, n+1):
        s=s+j
print(s)
```

代码中出现了两层 for 循环嵌套，内外层循环都执行 n 次，所以核心语句会被执行 $n×n=n^2$ 次，因此可以得到 $T(n)=(n^2)=O(n^2)$，所以该程序的时间复杂度为 $O(n^2)$。同理可知，如果程序中出现了三重循环嵌套，且三层循环相互独立，那么位于最内层循环的核心语句的时间复杂度为 $O(n^3)$，也称为立方级时间复杂度。

③ $O(\log n)$ 级复杂度。

当数据量增大 n 倍，算法耗时增大 $\log_2 n$ 倍，我们称该算法拥有对数级时间复杂度，记作 $O(\log n)$。通常，如果一个算法用常数时间（$O(1)$）将问题规模的

大小削减为其中一部分（通常为1/2），那么该算法的时间复杂度就为 $O(\log n)$。二分查找算法（后续单元引入）就拥有 $O(\log n)$ 级的时间复杂度。

为加深理解，在继续阅读前，请读者尝试分析以下程序的时间复杂度。

```
count = 1
while count < n:
    count = count * 2
```

while 循环的结束条件为 count≥n，其核心语句为 count=count*2。循环结束条件等价于 $2^x \geq n$，因此核心语句的执行次数为 $x=\log_2 n$，所以该程序的时间复杂度为 $O(\log n)$。

④ $O(n\log_2 n)$ 级复杂度。

如果程序中出现两层循环嵌套，且两层循环相互独立，第一层和第二层循环的时间复杂度分别为 $O(\log n)$ 和 $O(n)$，则该程序的总体时间复杂度为线性对数级复杂度，记作 $O(n\log n)$。线性对数级复杂度常出现于排序算法，例如，快速排序、归并排序、堆排序等。

以下代码的时间复杂度即为 $O(n\log n)$。

```
def algorithm(N):
    count = 0
    i = N
    while i > 1:
        # 外层循环复杂度为 logN
        i = i / 2
        # 内层循环复杂度为 N
        for j in range(N):
            count += 1
```

【问题2-2】 如下代码的时间复杂度是（　　）。

```
s=0
for i in range(1, n+1):
```

```
        for j in range(1, i+1):
            s=s+j
    print(s)
```

A. O(*n*) B. O(*n*²)
C. O(*n*log*n*) D. O(log*n*)

【问题2-3】 如下代码的时间复杂度是（　　）。

```
n = 64
while n > 1:
    print(n)
    n = n // 2
```

A. O(*n*) B. O(*n*²)
C. O(*n*log*n*) D. O(log*n*)

（3）指数级复杂度。

如果一个问题的运算次数或步骤是问题规模 *n* 的指数函数，则称该问题有指数级时间复杂度，记作 O(a^n)。

"生物学科中的'细胞分裂'就是指数级增长。初始状态为1个细胞，分裂一轮后为2个，分裂两轮后为4个，……，分裂 N 轮后有 2^N 个细胞。"

以大家熟悉的汉诺塔游戏为例，我们来分析下其函数递归调用算法的时间复杂度。什么？你已经不记得汉诺塔了？好吧，我们先来回顾下游戏的玩法。

传说在贝拿勒斯的圣庙（如图 2-1 所示）里有块黄铜板，上面竖着三根宝石柱，这些宝石柱径不及小指，长约半臂，大梵天王（印度教的一个主神）在创造世界的时候，在其中的一根石柱上放置了 64 片中心有插孔的金片，这些金片的大小都不一样，大的在下面，小的在上面，从下而上叠成宝塔，这就是所谓的梵天宝塔。

问题：将 64 片金片从一根柱子移到另一根柱子上，最少要移动多少次？

规则：这些金片可以从一根石柱移到另一根石柱上，每次只能移动一片，并且要求

图 2-1　贝拿勒斯圣庙（印度）

不论何时，也不管在哪一根石柱上，小金片永远在大金片上面，绝不允许颠倒。

我们把游戏抽象为以下的数学问题。

把一个 n 层宝塔从 A 柱移到 B 柱，如图 2-2 所示，至少要移动多少次？

图 2-2　汉诺塔游戏

求解过程如下。

将这个移动次数记作 $S(n)$，$n=64$。

$n=1$ 时，$S(1)=1$。

$n=2$ 时，$S(2)=3$。

$n=3$ 时，先把上面两片移到 C 柱上，再把最底下的大片移动到 B 柱上，最后把 C 柱上的两片移动到 B 柱上。

$S(3)=S(2)+1+S(2)=7$

如此这样继续下去。

$n=k$ 时，$S(k)=S(k-1)+1+S(k-1)=2S(k-1)+1$

由此得到递推公式：

$$\begin{cases} S(n)=2S(n-1)+1, n=2,3,4,5,\cdots \\ S(1)=1 \end{cases}$$

所以有：

$$\begin{aligned} S(n) &= 2S(n-1)+1 \\ &= 2(2S(n-2)+1)+1 \\ &= 2^2 S(n-2)+2+1 \\ &= 2^3 S(n-3)+2^2+2+1 \\ &= 2^4 S(n-4)+2^3+2^2+2+1 \\ &= 2^{n-1} S(1)+2^{n-2}+\cdots+2^3+2^2+2+1 \\ &= 2^{n-1}+2^{n-2}+\cdots+2^3+2^2+2+1 \\ &= 2^n-1 \end{aligned}$$

由此可知，汉诺塔递归算法的时间复杂度为 $O(2^n)$。

假设手脚非常麻利，一秒钟可以移动一次金片，移动完64个金片的汉诺塔需要 $S(64)=2^{64}-1=18\ 446\ 744\ 073\ 709\ 551\ 615s$，换算成年约等于584 600 000 000 年。

"5846亿年，这真是要移动到地老天荒呀！呜呜呜，我看不到游戏通关的那一天了啊！"

注意：

① 指数级时间复杂度常出现于递归算法中（如：汉诺塔递归算法、斐波那契数列递归算法），但并非所有的递归算法都具有指数级时间复杂度，例如，阶乘的递归实现算法，其时间复杂度为 $O(n)$，请读者自行验证。

② 递归算法的时间复杂度计算方法为：递归总次数 × 每次递归中基本操作所执行的次数。

最后，我们来总结下时间复杂度的分析方法。

（1）时间复杂度就是函数中基本操作所执行的次数。

（2）一般默认的是最坏时间复杂度，即分析最坏情况下所能执行的次数。

（3）忽略掉常数项。

（4）关注运行时间的增长趋势，关注函数式中增长最快的表达式，忽略系数。

（5）计算时间复杂度是估算随着 n 的增长函数执行次数的增长趋势。

（6）常用的时间复杂度有以下七种，算法时间复杂度依次增加：$O(1)$ 常数级、$O(\log_2 n)$ 对数级、$O(n)$ 线性级、$O(n\log_2 n)$ 线性对数级、$O(n^2)$ 平方级、$O(n^3)$ 立方级、$O(a^n)$ 指数级。

2.3 空间复杂度

1. 什么是空间复杂度

空间成本又称为空间复杂度（或"空间复杂性"）。空间复杂度是对一个算

法在运行过程中临时占用存储空间大小的量度，记作 $S(n)=O(f(n))$，其中，n 为问题的规模，$f(n)$ 表示算法所需的存储空间。

"同样是使用大 O 表示法呀！这个我熟！可是算法占用的存储空间有哪些啊？"

一个算法在计算机上所占用的空间由以下三部分组成。
（1）输入/输出数据。
（2）算法本身所占用的空间。
（3）额外需要的辅助空间。

输入/输出数据占用的空间是必需的，而且不会随着算法的不同而改变，故不做考虑。算法本身占用的空间由编写的代码所决定，可通过精简算法来缩减，但这个压缩很小，因而可忽略。辅助空间是算法在运行过程中临时占用的存储空间，随算法的不同而异，因此，程序所需辅助空间的大小是衡量其空间复杂度的关键因素。

"程序所需的额外辅助空间主要体现在程序运行过程中为局部变量所分配的存储空间大小上。"

算法的空间复杂度并不是计算实际占用的空间，而是计算整个算法的辅助空间单元的个数，与问题的规模没有关系。算法的空间复杂度一般也以数量级的形式给出。

2. 空间复杂度的计算方法

一个算法的空间复杂度计算大体可以分为以下几种情况。
（1）当一个算法的空间复杂度为一个常量，即不随被处理数据量 n 的大小而改变时，可表示为 $O(1)$。

通常来说，只要算法不涉及动态分配的空间以及递归、栈所需的空间，空间复杂度通常为 $O(1)$。

例如，逆序 a 中元素，并将结果存储在 b 中。

```
def reverse(a, b):
    n=len(a)
```

```
for i in range(n):
    b[i]=a[n-1-i]
```

在上述代码中，程序调用 reverse( ) 函数时，要分配的存储空间为：引用 a，引用 b，局部变量 n，局部变量 i。因此 f(n)=4，4 为常量，所以算法的空间复杂度 $S(n)=O(1)$。

注意：在 Python 3 中，range(n) 将返回一个迭代器（不创建整个长度为 n 的列表），因此其空间复杂度为 $O(1)$，而非 $O(n)$。

（2）当一个算法的空间复杂度与 n 成线性比例关系时，可表示为 $O(n)$。

如果在代码中定义了多个辅助变量，空间复杂度取决于其使用变量的类型和结构。如下所示的代码中，简单类型变量即使存在多个，其空间复杂度也为 $O(1)$，列表的空间复杂度与列表的长度 n 相关，即为 $O(n)$。

```
#a, b, c 的空间复杂度为 1
a = 'Python'
b = 'PHP'
c = 'Java'
num = [1, 2, 3, 4, 5]          # 此时 num 的空间复杂度为 5
num = [[1, 2, 3, 4], [1, 2, 3, 4], [1, 2, 3, 4], [1, 2, 3, 4],
       [1, 2, 3, 4]]            # 此时 num 的空间复杂度为 5*4
num = [[[1, 2], [1, 2]], [[1, 2], [1, 2]], [[1, 2], [1, 2]]]
# 此时 num 的空间复杂度为 3*2*2，总体记为 O(n)
```

（3）递归算法产生的堆栈空间复杂度。

若一个算法为递归算法，其空间复杂度为递归所使用的堆栈空间的大小，它等于一次调用所分配的临时存储空间的大小乘以被调用的次数 (即为递归调用的次数加 1，这个 1 表示开始进行的一次非递归调用)。

以数字的阶乘计算为例：

```
def fact(n):
    if n<0:
        print("参数不能小于 0，输入有误！")
```

```
        return -1
    elif n==0 or n==1:
        return 1
    else:
        return n*fact(n-1)
```

递归算法的空间复杂度 = 每次递归的空间复杂度 × 递归深度。上述代码中每次递归所需要的空间大小都是一样的，且是一个常量，并不会随着 n 的变化而变化，每次递归的空间复杂度为 $O(1)$。调用栈深度为 n，因此算法的整体空间复杂度为 $n \times 1=O(n)$。

最后，我们来总结下空间复杂度的分析方法。

（1）空间复杂度是对一个算法在运行过程中临时占用存储空间大小的量度。

（2）一个算法在计算机上占用的内存包括：程序代码所占用的空间、输入输出数据所占用的空间、辅助变量所占用的空间这三个方面。程序代码所占用的空间取决于算法本身的长短，输入输出数据所占用的空间取决于要解决的问题，是通过参数表调用函数传递而来，只有辅助变量是算法运行过程中临时占用的存储空间，与空间复杂度相关。

（3）通常来说，只要算法不涉及动态分配的空间以及递归、栈所需的空间，空间复杂度通常为 $O(1)$。如果在代码中定义了多个辅助变量，空间复杂度取决于其使用变量的类型和结构。

（4）算法的空间复杂度并不是计算实际占用的空间，而是计算整个算法的辅助空间单元的个数，与问题的规模没有关系。

2.4 优秀算法的评价标准

除了输入、输出、有穷性、确定性和可行性外，一个好的算法需要更高的标准，如下列举了优秀算法还应有的一些基本特征，供大家参考。

（1）正确性：正确性是指算法能够满足具体问题的需求，程序运行正常，无语法错误，能够通过典型的软件测试，达到预期的需求。

（2）易读性：算法遵循标识符命名规则，简洁易懂，注释语言恰当适量，方便自己和他人阅读，便于后期调试和修改。

（3）健壮性：算法对非法数据及操作有较好的反应和处理。

（4）高效性：运行效率高，即算法运行时间短。

（5）低存储性：算法所需要的存储空间少。

"本单元我们主要学习了衡量算法优劣和执行效率的方法，即：时间复杂度和空间复杂度的计算。希望大家在学会时间和空间复杂度计算方法的同时，掌握这种基于量级分析的客观评价方法。在做评价时，科学的分析往往比主观的直觉判断更可靠。本单元后面的习题，有助于检验大家的学习效果，抓紧做一下吧。"

习题

1. 下列有关算法的描述，正确的是（　　）。
   A. 一个算法的执行步骤可以是无限的
   B. 算法必须有输出
   C. 算法必须有输入
   D. 算法就是程序

2. 某算法的时间复杂度为 $O(n^2)$，则下列阐述正确的是（　　）。
   A. 问题规模是 n^2　　　　　　　　B. 执行时间等于 n^2
   C. 执行时间与 n^2 成正比　　　　　D. 问题规模与 n^2 成正比

3. 以下算法的时间复杂度为（　　）。

```
def fun(n):
    i=1
    while i<=n:
        i=i*2
```

  A. $O(n)$ B. $O(n^2)$ C. $O(n\log_2 n)$ D. $O(\log_2 n)$

4. 设 n 是描述问题规模的非负整数，下面程序片段的时间复杂度是( )。

```
for i in range(n):
    while i < n:
        i=i*2
```

  A. $O(\log_2 n)$ B. $O(n)$ C. $O(n\log_2 n)$ D. $O(n^2)$

5. 求整数 $n(n≥0)$ 阶乘的算法如下，其时间复杂度是 ( )。

```
def fact(n):
    if n<=1:
        return 1
    return n*fact(n-1)
```

  A. $O(\log_2 n)$ B. $O(n)$ C. $O(n\log_2 n)$ D. $O(n^2)$

6. 以下斐波那契数列递归实现算法的时间复杂度是 ( )。

```
def Fibonacci(n):
    if n<=1:
        return n
    else:
        return Fibonacci(n-1)+ Fibonacci(n-2)
```

  A. $O(\log_2 n)$ B. $O(n)$ C. $O(2^n)$ D. $O(n^2)$

7. 算法的时间复杂度是指( )。

  A. 执行算法程序所需的时间

  B. 算法程序的长度

  C. 算法执行过程中所需要的基本运算次数

  D. 算法程序中的指令条数

8. 算法的空间复杂度是指( )。

  A. 算法程序的长度

  B. 算法程序中的指令条数

  C. 算法程序所占的存储空间

  D. 算法执行过程中所需要的辅助存储空间

9. 在下列选项中，以下不是一个优秀算法应具有的基本特征的是( )。

  A. 确定性   B. 可行性   C. 无穷性   D. 健壮性

"小萌,这两天没见,你都在忙什么呢?"

"我在整理老照片啊,本想按拍照日期排序,可照片太多了!头疼啊……"

"这个简单,可以用老师讲过的排序算法来实现。"

排序是使用计算机时经常进行的一种操作,其目的是将一组"无序"的数据调整为"有序"。例如,做早操时同学们要按照身高排好队列,单词表按照字母 a~z 排序,一个班级里学生名册可以按照姓名、学号排序等。

抛开算法细节不说,排序本质上就是根据某种规则来比较元素,当元素排序和规则冲突时,调整其顺序。在第 2 单元中,我们学习了如何衡量算法的计算成本,对于排序算法来讲,比较其优劣最直观的评价指标就是完成排序所需的比较次数。

当然,排序算法的执行效率和数据规模有关。很显然,"将 10 名同学按照身高排序"和"将全世界所有的城市按照人口数量排序"两个问题的难度不可同日而语。在数据量较小时,排序很简单。可随着数据量的增大,排序就需要消耗大量的计算资源。排序算法的应用可以有效提升排序操作的执行效率,而其中最常用的就是冒泡排序、选择排序和插入排序。

3.1 冒泡排序

 算法介绍

冒泡排序(Bubble Sort)是一种最简单的交换排序。它重复地走访过要排序的序列,一次比较两个元素,如果它们的顺序错误,就把它们交换过来。重复地进行以上操作直到没有元素再需要交换,此时序列已经排序完成。

第 3 单元　排序算法

"老师，为什么叫冒泡排序？这名字还挺可爱的！"

"我们在喝汽水时，瓶子中会有很多小气泡缓缓往上飘，这是因为小气泡是由二氧化碳组成的，它们比水要轻，所以气泡会上浮。冒泡排序的处理过程和它类似，算法中的每个元素都像气泡一样，根据规则（升序或降序）朝数列的尾部移动！"

我们通过一个例子来演示下算法的排序过程。
假设有一个序列：6 5 7 3 4，现在要将它们按照升序排列。
冒泡排序的第一轮排序过程如图 3-1 所示。

第一轮排序：

第一次比较：　6 5 7 3 4　　6比5大，交换位置

第二次比较：　5 6 7 3 4　　6比7小，无须交换

第三次比较：　5 6 7 3 4　　7比3大，交换位置

第四次比较：　5 6 3 7 4　　7比4大，交换位置

第一轮完成：　5 6 3 4 7　　第一轮比较完成，最大数7沉底

图 3-1　冒泡排序 - 升序（第一轮）

经过第一轮的比较，最大数 7 已经沉底，没有必要再参与后续处理过程。因此，在第二轮排序时可以排除已沉底的元素 7，对剩余元素（5，6，3，4）重复以上排序过程。

请大家自己试试看，在练习本上完成剩余元素的排序吧。

"老师,我排好了!总共经过了4轮排序,您看,34567,整整齐齐!"

"不错,所以我们可以知道,如果要对 n 个元素进行冒泡排序,那么完成最终排序就需要经过 $n-1$ 轮运算。"

现在来总结下冒泡排序的算法过程(以升序为例)。

步骤1:比较相邻的元素。如果大的在前,就交换它们。

步骤2:对每一对相邻元素做同样的操作,从开始第一对到结尾的最后一对,这样在最后的元素会是最大的数。

步骤3:针对所有的元素重复以上的步骤,除了最后一个元素。

步骤4:重复步骤1~3,直到排序完成。

"老师,刚刚一直说的是升序,如果想降序排列呢?"

"这个简单,只要将比较的规则改一下就可以了。例如,将规则改为:比较两个数时,如果小的在前,那么就交换位置,反之则不交换。"

2. 代码实现

冒泡排序(升序)代码实现如下。

```python
def bubbleSort(alist):
    # 每次需遍历元素个数递减
    for num in range(len(alist)-1, 0, -1):
        for i in range(num):
            if alist[i] > alist[i+1]:
                alist[i], alist[i+1] = alist[i+1], alist[i]
```

【问题 3-1】 请使用冒泡排序实现如下列表中元素的降序排列。

```
alist = [55, 26, 83, 17, 88, 34, 47, 59, 22]
```

3. 算法复杂度

利用第 2 单元所学知识来分析下冒泡排序的算法复杂度。对含有 n 个元素的序列排序需要 $n-1$ 轮。每一轮的比较次数如表 3-1 所示。

表 3-1 冒泡排序每一轮比较次数

轮 次	比较次数
1	$n-1$
2	$n-2$
…	…
$n-1$	1

通过观察可以发现，总的比较次数是前 $n-1$ 个数的和，即 $\frac{1}{2}n^2-\frac{1}{2}n$，所以该算法的时间复杂度为 $O(n^2)$。冒泡排序最好的情况是序列已经有序，这时不需要任何交换操作，只需一轮比较即可完成，此时的时间复杂度为 $O(n)$。相反，最坏的情况就是每一次比较都需要交换。冒泡排序不需要借助额外存储空间，其空间复杂度为 $O(1)$。

3.2 选择排序

1. 算法介绍

选择排序与冒泡排序具有一定的相似性，二者的区别在于：

> 选择排序是根据排序规则（升序或降序）找到其中最大或最小的数，将其放到序列的末尾，而非冒泡排序中的"两两比较，随即交换"。

所以，选择排序在每轮排序中只做一次交换。为了便于理解，我们还是利用 3.1 节中的示例来演示选择排序的操作过程。

假设有一个序列：6 5 7 3 4，现在要将它们按照升序排列。

选择排序算法的排序过程如图 3-2 所示。

第一轮排序： 6 5 7 3 4   最大值7，与队尾元素交换，交换后，7不再参与后续排序

第二轮排序： 6 5 4 3 7   最大值6，与当前队尾元素3交换

第三轮排序： 3 5 4 6 7   最大值5，与当前队尾元素4交换

第四轮排序： 3 4 5 6 7   最大值4，已在队尾，无须交换

排序完成： 3 4 5 6 7

图 3-2 选择排序过程

> "老师，我发现了，5 个数排序需要 4 轮完成！和冒泡排序时一样！"

> "小萌说得对，和冒泡排序时一样，如果要对 n 个元素进行排序，那么完成最终排序就需要经过 n−1 轮运算。"

选择排序的运算过程总结如下（以升序为例）。

步骤1：从当前序列中找出最大的元素，将它与序列的队尾元素交换，如其为队尾元素，则在原位置不动。

步骤2：针对所有的元素重复以上的步骤，除了最后一个。

步骤3：重复步骤1、步骤2，直至排序完成。

请大家想一想,如果要使用选择排序实现降序排列,那么比较规则应该如何修改?

2. 代码实现

选择排序(升序)代码实现如下。

```python
def selectionSort(alist):
    # 每次遍历元素个数递减
    for i in range(len(alist)-1, 0, -1):
        # 指定初始的最大值下标为 0
        max_idx = 0
        # 遍历剩余元素,依次与当前最大值比较
        for j in range(1, i+1):
            if alist[j] > alist[max_idx]:
                # 更新最大值下标
                max_idx = j
        # 将最大值与末尾元素交换
        alist[i], alist[max_idx] = alist[max_idx], alist[i]
```

【问题3-2】 请使用选择排序实现如下列表中元素的降序排列。

```
alist = [55, 26, 83, 17, 88, 34, 47, 59, 22]
```

3. 算法复杂度

从算法原理可知,无论序列中元素是否有序,为了找出最大(最小)值,

每一轮中元素间的相互比较都是必不可少的,且其比较次数和冒泡排序算法的比较次数相同,所以不管在最好或最坏情况下,选择排序的时间复杂度都是 $O(n^2)$,但是选择排序每轮只交换一次,所以其运行速度比冒泡排序更快。选择排序无须借助额外存储空间,其空间复杂度为 $O(1)$。

3.3 直接插入排序

1. 算法介绍

在这一节中,我们再来学习插入排序。插入排序的衍生算法有很多,如直接插入排序、折半插入排序、希尔排序等,这里介绍较为基础的直接插入排序。对于少量元素的排序,它是一个有效的算法。

直接插入排序的基本思想是通过构建有序序列,对于未排序数据,在已排序序列中从后向前扫描,找到相应位置并插入。

"老师,直接插入排序是需要准备两个列表吗?一个有序,一个无序,这个算法描述有点复杂。"

"其实只用一个列表就可以了,下面我就用例子来解释一下!"

还是通过之前的例子来讲解直接插入排序的操作过程。

假设有一个数列:6 5 7 3 4,现在要将它们按照升序排列。

插入排序过程如图3-3所示。

直接插入排序的运算过程描述如下(以升序为例)。

步骤1:首先将队首位置的元素视为"有序列表"中的第一个元素,其余元素视为"无序列表"。

步骤2:将"无序列表"中的第一个元素a与"有序列表"中的元素从后向前依次进行比较。当"有序列表"中某个元素b比a大时,将元素b右移,

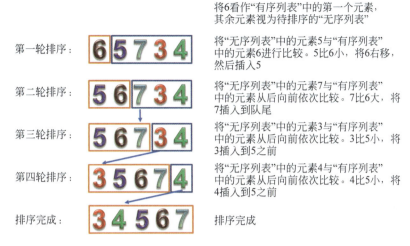

图 3-3 插入排序过程

继续向前进行比较，直到"有序列表"中没有比 a 大的元素时停止，将 a 插入；如果"有序列表"中没有比 a 大的元素，则将 a 插入到"有序列表"队尾；如果待插入的元素 a 与有序序列中的元素 b 相等，则将元素 a 插入到相等元素 b 的后面。

步骤 3：重复步骤 1、步骤 2，直至"无序列表"中元素为空，则排序完成。

如果要使用直接插入排序完成降序排列，那么算法要如何修改呢？

 2. 代码实现

直接插入排序（升序）代码实现如下。

```
def insertSort(alist):
    # 将第一个元素视为有序，其余元素为无序，依次遍历无序元素
    for idx in range(1, len(alist)):
        # 记录当前待插入无序元素的值和下标
        current = alist[idx]
        position = idx
        # 从后向前依次与有序元素比较，如果该元素比待插入值大，将其后移，
```

```
# 直到有序列表中没有比其大的元素时停止
while position > 0 and alist[position-1] > current:
    alist[position] = alist[position-1]
    position = position - 1
# 将待插入元素插入到当前位置
alist[position] = current
```

【问题 3-3】 请使用直接插入排序实现如下列表中元素的降序排列。

```
alist = [55, 26, 83, 17, 88, 34, 47, 59, 22]
```

3. 算法复杂度

在直接插入排序中，最好的情况是待排序序列本身是有序的，只需将当前数与前一个数进行一次比较即可，此时共需要比较 $n–1$ 次，时间复杂度为 $O(n)$。

最坏的情况是待排序序列是逆序的，此时需要比较次数最多，总次数记为 $1+2+3+\cdots+n-1$，所以，直接插入排序最坏情况下的时间复杂度为 $O(n^2)$。

综上分析可知，直接插入排序的算法时间复杂度为 $O(n^2)$。直接插入排序不需要借助额外存储空间，其空间复杂度为 $O(1)$。

本单元涉及三种排序算法，它们的时间复杂度和空间复杂度情况汇总如表 3-2 所示。

表 3-2 三种排序算法的复杂度

排序方法	时间复杂度（平均）	时间复杂度（最好）	时间复杂度（最坏）	空间复杂度
冒泡排序	$O(n^2)$	$O(n)$	$O(n^2)$	$O(1)$
选择排序	$O(n^2)$	$O(n^2)$	$O(n^2)$	$O(1)$
直接插入排序	$O(n^2)$	$O(n)$	$O(n^2)$	$O(1)$

"本单元我们主要学习了冒泡排序、选择排序、直接插入排序的算法思想和实现方法。希望大家能够根据应用场景和数据存储结构选择合适的算法完成排序,掌握各排序算法的时间复杂度和空间复杂度。本单元后面的习题,有助于检验大家的学习效果,抓紧做一下吧。"

习 题

1. 从未排序序列中挑选元素,并将其依次放入已排序序列的一端,这种排序方法称为( )。

   A. 插入排序　　　B. 冒泡排序　　　C. 选择排序　　　D. 堆排序

2. 对 n 个元素进行直接插入排序,完成排序所需要的轮数是( )。

   A. n　　　　　　B. $n+1$　　　　　C. $n-1$　　　　　D. $2n$

3. 对 n 个元素进行冒泡排序,最好情况下的时间复杂度为( )。

   A. $O(1)$　　　　B. $O(\log_2 n)$　　C. $O(n^2)$　　　D. $O(n)$

4. 对 n 个元素进行直接插入排序,算法的空间复杂度为( )。

   A. $O(1)$　　　　B. $O(\log_2 n)$　　C. $O(n^2)$　　　D. $O(n\log_2 n)$

5. 设一组初始记录关键字序列 (5,2,6,3,8),利用冒泡排序进行升序排序,且排序中从后向前进行比较,则第一趟冒泡排序的结果为( )。

   A. 2,5,3,6,8　　　　　　　　B. 2,5,6,3,8
   C. 2,3,5,6,8　　　　　　　　D. 2,3,6,5,8

6. 使用冒泡排序对包含 50 个元素的序列进行排序,在最坏情况下,比较次数是( )。

   A. 150　　　　　B. 1225　　　　　C. 2450　　　　　D. 2500

7. 有台计算机使用选择排序对 400 个数字排序花了 400ms,如果花费 1600ms,大概能够完成排序的数字个数是( )。

   A. 1200　　　　　B. 800　　　　　C. 1600　　　　　D. 3200

8. 有关选择排序的叙述中正确的是( )。

   A. 每扫描一遍序列,只需要交换一次

B. 每扫描一遍序列，需要交换多次

C. 时间复杂度是 O(n)

D. 空间复杂度为 O(n)

9. 对序列（54,38,96,23,15,72,60,45,83）进行直接插入排序（升序），插入时由后向前比较，当把第八个元素 45 插入到有序表时，为找到插入位置需比较的次数为（ ）。

  A. 4   B. 6   C. 5   D. 3

10. 编写程序实现如下的功能。

（1）针对给定列表 alist = [55, 26, 83, 17, 88, 34, 47, 59, 22]，使用冒泡排序算法编写函数 bubbleSort 实现 alist 中元素的降序排列。

（2）调用 bubbleSort 函数，输出排序后的列表。

11. 编写程序实现如下的功能。

（1）针对给定列表 alist = [55, 26, 83, 17, 88, 34, 47, 59, 22]，使用选择排序算法编写函数 selectionSort 实现 alist 中元素的升序排列。

（2）调用 selectionSort 函数，输出排序后的列表。

"小萌,老师说今天讲查找算法,感觉没有必要啊。"

"嘘!别让老师听见……我感觉判断元素是否在集合或列表中用运算符 in 就行了,很简单啊。"

"哈哈!厉害啊,小萌,我就是这个意思,快走,老师来了。"

是不是很多人有和小帅、小萌一样的想法?查找作为计算机中最为常见的操作,在 Python 语言中自然提供了很好的支持,例如,使用 in 运算符就可以判断某个元素在集合或列表中是否存在。那我们还有必要学习查找算法吗?

当然有必要,通过学习查找算法,我们一方面可以了解各查找算法的实现原理和性能差异;另一方面,在某些复杂的应用场景下,当基础操作不再适用时,我们可以通过自行编写查找算法来实现个性化的功能需求。

如果你认同这样的观点,那就让我们一起开始探究强大的查找算法吧!

> 查找,又称搜索,是指根据关键字从多个元素(记录)中查找某个特定元素(记录)的处理过程。

在进行查找操作时,常见的返回值是"元素是否存在"(True/False)或"元素的位置信息"(索引)。另外,查找的操作对象又可以分为有序和无序两种,操作对象本身是否有序对查找算法的选择具有很大的影响。

"老师,查找的操作对象是否有序会产生什么影响啊?"

"请大家想一想,是在一个杂乱的房间中找东西容易,还是在一个整洁干净的房间中容易?"

道理是一样的，如果待查找的数据序列已经事先按照关键字升序或降序排列，那么我们就可以利用这样的顺序规律，提高查找的效率。在本单元中，大家将学习到顺序查找、二分查找和插值查找的实现原理，以及它们各自不同的适用场景。

4.1 顺序查找

1. 算法介绍

顺序查找，也称线性查找，顾名思义就是按顺序从头到尾地查询，直到找到目标元素。顺序查找对数据存储结构无特殊要求，有序无序皆可。尤其是对于无序的小集合来说，顺序查找是最容易实现并且比较有效率的查找算法。

现在我们通过一个例子来演示下顺序查找算法的运行过程。

在如图 4-1 所示的列表中查找数字 65。

图 4-1 顺序查找示例

遍历列表元素，从第一个元素开始进行比较，直到找到目标元素。如查看完列表中所有元素后仍未找到，则说明待查找目标不存在。

"老师，这个顺序查找好理解，就是我平时找东西的方法。"

是的，顺序查找与人类平时的行为习惯基本一样，因此它具有非常好的场景适用度。

2. 代码实现

顺序查找的代码实现如下。

```
#alist 为目标列表，target 为待查找元素
def sequentialSearch(alist, target):
    # 遍历列表
    for i in range(len(alist)):
        # 如果找到元素，返回其索引
        if alist[i]==target:
            return i
    # 未找到，返回 -1
    return -1
```

【问题 4-1】 请使用顺序查找算法在如下列表中查找关键字"47"。

alist = [55, 26, 83, 17, 88, 34, 47, 59, 22]

3. 算法复杂度

同样，我们对该算法的时间和空间复杂度进行分析。在衡量查找算法的性能优劣时，最直观的指标就是找到目标元素所需的比较次数。当然，这和数据规模息息相关。此处，我们设元素序列的规模为 n，那么在序列中查找特定元素时包含如表 4-1 所示的情况。

表 4-1 顺序查找时间复杂度分析

	最好情况	最坏情况	平均情况
元素存在	1	n	$(n+1)/2$
元素不存在	n	n	n

因此，顺序查找算法的时间复杂度为 $O(n)$。顺序查找算法不需要使用额外的存储空间，其空间复杂度为 $O(1)$。

第 4 单元 查找算法

4.2 二分查找

1. 算法介绍

　　顺序查找算法中规中矩，但是胜在行之有效，放之四海而皆准。那么如果待查找的元素序列是有序的（即已按升序或降序排列），顺序查找算法就显得有些呆板了，这时就轮到二分查找算法大显身手了。

　　二分查找，又称折半查找，是一种在有序序列中查找某一特定元素的搜索算法。

　　二分查找的算法描述如下。

　　步骤 1：搜索过程从序列的中间元素开始，如果中间元素正是要查找的元素，则搜索过程结束。

　　步骤 2：如果待查找元素大于（或小于）中间元素，则在序列大于（或小于）中间元素的那一半中查找，而且跟开始一样从中间元素开始比较。

　　步骤 3：重复步骤 1 和 2，如果在某一步骤数据序列待比较元素为空，则表示找不到。

"老师，二分查找太棒了，每次都能缩小查找范围，让查找变得越来越容易。"

"没错！从算法描述中可以明显看出，这种搜索算法每一次比较都使搜索范围缩小一半。这是一种典型的分而治之思想，即：将一个复杂问题分解为多个易于求解的小问题，从而降低了问题的规模和求解难度。"

　　现在我们通过一个例子来演示下二分查找算法的运行过程。
　　在如图 4-2 所示的列表中查找数字 65。

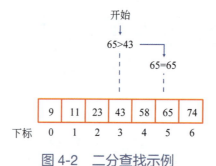

图 4-2 二分查找示例

首先根据元素下标确定序列的左右边界（left=0，right=6），计算得到中间元素下标（mid=(0+6)//2=3）。

然后，从中间元素开始比较，65>43，由于序列是升序排列，确定待查找元素在序列右侧，调整序列的左边界(left=mid+1=4)，重新计算中间元素下标（mid=(4+6)//2=5）。

再次，将目标元素与新的中间元素进行比较，最终找到元素 65。

"请注意：
（1）计算中间值下标时，如不能整除，采用下取整策略。
（2）如果中间值小于目标值，说明目标在右半区，调整左边界为中间值下标+1。
（3）如果中间值大于目标值，说明目标在左半区，调整右边界为中间值下标-1。"

2. 代码实现

二分查找的代码实现如下。

```python
#alist 为目标列表（升序排列），target 为待查找元素
def binarySearch(alist, target):
    # 指定左右边界
    left, right = 0, len(alist)-1
    while left <= right:
        # 计算中间元素下标
        mid = (left+right)//2
```

```
            # 如找到，返回元素下标
            if alist[mid] == target:
                return mid
        # 如果中间值小于目标值，说明目标在右半区，调整左边界为中间值下标+1
        # 如果中间值大于目标值，说明目标在左半区，调整右边界为中间值下标-1
            if alist[mid] < target:
                left = mid+1
            else:
                right = mid-1
    # 未找到，返回-1
    return -1
```

"老师，我感觉这个二分查找算法还可以用递归来实现。"

"真不错，小萌说得对，下面就给大家看看二分查找算法的递归实现方法。"

```
#alist 为目标列表（升序排列），target 为待查找元素
#left 为左边界，right 为右边界
def recursionBinary(alist, target, left, right):
    if len(alist) == 0:
        return -1
    else:
            # 计算中间元素下标
            mid = (left + right) //2
            # 如果左右边界已异位，说明未找到，返回-1
            if left > right:
                return -1
            # 如找到，返回元素下标
            if alist[mid] == target:
```

```
            return mid
# 如果目标值小于中间值,说明目标在左半区,调整右边界为中间值下标 -1
elif target < alist[mid]:
    return recursionBinary(alist, target, left, mid-1)
# 如果目标值大于中间值,说明目标在右半区,调整左边界为中间值下标 +1
else:
    return recursionBinary(alist,target,mid+1,right)
```

【问题 4-2】请使用二分查找算法在如下列表中查找关键字"83"。

```
alist = [17, 22, 26, 34, 47, 55, 59, 83, 88]
```

3. 算法复杂度

设元素序列的规模为 n。在进行二分查找时,每次比较后,待查找序列的规模都会减半,比较次数和剩余元素个数的关系如表 4-2 所示。

表 4-2 二分查找比较次数与剩余元素个数关系

比 较 次 数	剩余元素个数
1	$n/2$
2	$n/4$
...	...
i	$n/2^i$

当剩余元素个数为 1 时将得到最终查找结果。此时,已比较次数为 i,即 $\frac{n}{2^i}=1$,因此最终比较次数 $i=\log n$。比较次数与序列规模 n 为对数关系。因此二分查找算法的时间复杂度为 $O(\log n)$。二分查找算法不需要使用额外的存储空间,其空间复杂度为 $O(1)$。

第4单元 查找算法

 算法介绍

前面介绍的二分查找算法在序列有序并且数据量较多的前提下，其查找效率比顺序查找高很多。如果序列有序并且数值的分布较为均匀，那么我们就可以使用一种更高效的算法——"插值查找"来替代二分查找。

在二分查找中确定中间值的计算公式为：

$$mid = \frac{(right+left)}{2}$$

其中，left 为左边界，right 为右边界，mid 为中间位置。

对其进行变形可得到如下公式。

$$mid = left + \frac{1}{2}(right-left)$$

公式中的 1/2 代表区间长度每次缩减一半，也就是控制区间缩减幅度的因子。二分查找并没有考虑序列中数值的分布情况，仅仅使用了序列是有序的这一信息。

下述列表 alist 中的元素数值有序且分布较为均匀。

```
alist = [1, 2, 3, 5, 6, 7, 10, 13, 14, 17, 19, 22, 23, 25, 27]
```

如果使用二分查找算法且搜索的目标是 2，那么区间长度每次都缩减为一半的策略还合理吗？显然是不合理的，因为数值 2 较小，其明显偏向于序列的起始位置，从中间位置开始搜索的折半查找并非最优策略；如果搜索的目标是25，区间减半的方式同样不合理。

所以，改变二分查找的区间缩减策略，根据搜索的值来确定区间缩减幅度，使其不再是固定的 1/2，这种想法就是"插值查找"，其中间值计算方式如下。

$$mid = left + alpha \times (right - left)$$

其中，alpha 用于表示搜索目标值距离左边界的远近（在二分查找中，alpha 的值为 1/2）。对上述公式中 alpha 的计算方法进行细化，得到如下的插值算法中间值计算公式，其中，tar 表示目标值，D 表示有序序列。

$$mid=left+\frac{(tar-D[left])}{D[right]-D[left]}\times(right-left)$$

此时，如果目标值 tar 和左边界值 D[left] 的差较大，则中间值 mid 更靠右；如果目标值 tar 和左边界值的差较小，则中间值 mid 更靠左。也就是说，插值查找算法的中间值 mid 并非真的在序列中间，而是根据目标值和边界值的关系来动态确定。

"老师，公式看着有点晕，能不能用简单点的说法来解释啊？"

"好的，我们在一本英文词典里面查找 apple 这个单词的时候，你肯定不会从词典中间开始查找，而是从词典开头部分开始翻，因为我们知道词典是按照字母顺序 a~z 排序的，并且 apple 这个单词是 a 开头，所以从头开始翻，就是这个道理！"

以上面的列表 alist 为例，我们来比较下二分查找和插值查找在确定中间值时的区别。

在以下序列中查找目标元素 2：

```
alist = [1, 2, 3, 5, 6, 7, 10, 13, 14, 17, 19, 22, 23, 25, 27]
```

使用二分查找法：

$$mid=left+\frac{1}{2}(right-left)=0+0.5\times(14-0)=7$$

alist[7] 为 13，在此基础上通过多次折半，最终找到目标元素。

使用插值查找法：

$$mid=left+\frac{(tar-D[left])}{D[right]-D[left]}\times(right-left)$$
$$=0+(2-1)/(27-1)\times(14-0)=0$$

alist[0] 为 1，已经非常接近目标元素 2，所以在此种情况下，插值查找较二分查找具有更高的效率。

插值查找算法和二分查找算法的区别主要在于中间值 mid 的确定方式，它们在终止条件和判断条件上大体相同，在此不做重复。

 2. 代码实现

插值查找算法的代码实现如下。

```python
#alist 为目标列表（升序排列），target 为待查找元素
def InterpolationSearch(alist, target):
    # 指定左右边界
    left, right = 0, len(alist) - 1
    # 统计查找次数
    time = 0
    while left < right:
        time += 1 # 查找次数 +1
        # 计算中间值
        mid = left + int((right - left) * (target - \
alist[left])/(alist[right] - alist[left]))
        # 输出当前的中间值和左右边界位置
        print("mid={}, left={}, right={}".format(mid, left, right))
        # 根据比较结果调整左右边界
        if target < alist[mid]:
            right = mid - 1
        elif target > alist[mid]:
            left = mid + 1
        else:
            # 如找到，输出其下标和查找次数
            print("times: {}".format(time))
            return mid
    # 如未找到，输出 -1 和查找次数
    print("times: {}".format(time))
    return -1
```

 【问题 4-3】 请使用插值查找算法在如下列表中查找关键字"17"。

```
alist = [1, 3, 5, 7, 9, 11, 13, 15, 17, 19, 21]
```

3. 算法复杂度

插值查找是对二分查找的优化，二者的区别主要在于中间值的计算方式上，除此以外，二者在算法细节上基本相同，所以插值查找的时间复杂度也为 $O(\log n)$。但是对于数据集合较长，且关键字分布比较均匀的数据集合来说，插值查找的算法性能比二分查找要好，其他的则不适用。插值查找算法不需要使用额外的存储空间，其空间复杂度为 $O(1)$。

本单元涉及的三种查找算法的时间复杂度和空间复杂度情况汇总如表 4-3 所示。具体查找中，哪一种算法是最合适的，还与数据的特征相关，请同学们通过编程实践认真体会。

表 4-3　三种查找算法的复杂度

排 序 方 法	时间复杂度	空间复杂度
顺序查找	$O(n)$	$O(1)$
二分查找	$O(\log n)$	$O(1)$
插值查找	$O(\log n)$	$O(1)$

"本单元我们主要学习了三种常见的查找算法，即：顺序查找、二分查找和插值查找。希望大家能够根据应用场景和数据存储结构选择合适的算法完成排序。更为重要的是——理解算法中蕴含的工程学思想和求解策略（例如，二分查找中使用折半策略来逐步缩减问题规模）。本单元后面的习题，有助于检验大家的学习效果，抓紧做一下吧。"

1. 二分查找算法中体现的算法思想是（ ）。
   A. 分治策略   B. 动态规划   C. 分支限界   D. 概率算法
2. 采用二分查找搜索长度为 n 的线性序列时，其时间复杂度为（ ）。
   A. $O(n^2)$ B. $O(n\log n)$ C. $O(n)$ D. $O(\log n)$
3. 采用二分查找算法在 [1，4，10，13，34，44，45，68，73，78，88，92，110] 中搜索 88，需要经过的比较次数为（ ）。
   A. 1   B. 2   C. 4   D. 8
4. 在长度为 n 的序列中顺序查找任一元素所需的平均比较次数为（ ）。
   A. n B. $n+1$ C. $n-1$ D. $(n+1)/2$
5. 进行二分查找时，要求数据必须满足（ ）。
   A. 以顺序方式存储
   B. 以顺序方式存储，且元素按关键字有序排列
   C. 以链接方式存储
   D. 以链接方式存储，且元素按关键字有序排列
6. 衡量查找算法效率的主要指标是（ ）。
   A. 元素个数   B. 比较次数
   C. 所需的存储量   D. 算法难易程度
7. 已知有序列 [2，3，5，5，7，7，8]，利用顺序查找和二分查找时，找到目标值 5 所需的查找次数是（ ）。
   A. 3 无法使用二分查找   B. 4 无法使用二分查找
   C. 3 1   D. 4 1
8. 已知有序列 [2，3，6，9，10，17，22，25]，若要二分查找数值 22，需要查找 3 次，这 3 次查找中依次找到的数据是（ ）。
   A. 10 17 22   B. 9 10 12   C. 10 25 22   D. 9 17 22
9. 以下有关二分查找和顺序查找算法的叙述中正确的是（ ）。
   A. 顺序查找需要排序，效率低；二分查找不需要排序，效率高
   B. 顺序查找不需要排序，效率低；二分查找需要排序，效率高
   C. 顺序查找不需要排序，效率高；二分查找需要排序，效率低
   D. 顺序查找需要排序，效率高；二分查找不需要排序，效率低

10. 编写程序实现如下的功能。

（1）编写函数实现二分查找算法。

（2）调用函数，在给定列表 alist 中查找关键字"79"，输出查找结果。

说明：

alist = [11, 22, 27, 40, 47, 66, 79, 83, 99]

输出格式：–1（未找到）下标值（找到时）

11. 编写程序实现如下的功能。

（1）编写函数实现插值查找算法。

（2）调用函数，在给定列表 alist 中查找关键字"16"，输出查找结果。

说明：

alist = [2, 4, 6, 8, 10, 12, 14, 16, 18, 20, 22]

输出格式：–1（未找到）下标值（找到时）

"小萌,小帅,今天给你们留个作业:如果给你们两个字符串 A 和 B,判断 B 是否是 A 的子串,并返回 B 在 A 中第一次出现的位置,你们要如何实现?明天课上告诉我答案啊。"

"OK,No problem!老师,明天见!"

一夜无话,又到了上课的时间,小萌小帅早已来到了教室,脸上洋溢着自信的微笑……

"小萌,小帅,昨天的问题你们想到答案了吗?"

"哈哈!我和小萌都想到答案了!只要将字符串 A 和 B 对齐,一个一个字符比较,不匹配就让 B 和 A 的第二个字符对齐,依次比较……"

"还不错,你们的这个算法有个名字,叫作暴力匹配算法,今天我们就来讲一讲字符串匹配算法吧。"

5.1 字符串暴力匹配算法(BF 算法)

 1. 算法介绍

字符串暴力匹配算法又称 BF(Brute Force)算法,它是一种最符合人类思维习惯的算法。其算法原理简单暴力，因此得名。具体做法如下。

"为了统一概念，在后文中，我们把字符串 A 称为主串，把字符串 B 称为模式串。"

首先将主串和模式串左端对齐，逐一比较；如果第一个字符不能匹配，则模式串向后移动一位继续比较；如果第一个字符匹配，则继续比较后续字符；当某个字符发生不匹配时，模式串后移一位，如此往复，直至全部匹配或模式串移动到超过主串尾部，匹配失败。

图 5-1 展示了算法的具体匹配过程。

图 5-1　暴力匹配算法演示

代码实现

原理比较简单，下面我们就使用代码来实现它。字符串暴力匹配算法实现如下。

```python
#text 为主串，pattern 为模式串
def bf(text, pattern):
    i , j = 0 , 0
    while i < len(text) and j < len(pattern):
        # 如果字符匹配，则继续比较后续字符
        if(text[i] ==  pattern[j]):
            i += 1
            j += 1
        # 如果不匹配，模式串索引回溯到起始位置
        # 主串回溯位置到比较开始时的下一个字符
        else:
```

```
            i = i - j + 1
            j = 0
    # 如果模式串的所有字符都匹配成功,返回第一个匹配字符的位置
    if(j >= len(pattern)):
        return i - len(pattern)
    # 匹配失败,返回 -1
    else:
        return -1
```

【问题 5-1】 使用 BF 算法实现如下字符串匹配程序:给定一个主串"abcokabkoh"和一个模式串"abk",找出模式串在主串中第一次出现的位置,若不存在则返回 –1。

3. 算法复杂度

暴力匹配算法的时间复杂度和空间复杂度按照以下方法进行计算。

假设主串长度为 n,模式串长度为 m。从算法原理可知,主串中的每个字符都可能与模式串中的字符进行一一比较,因此最坏情况下的比较次数为 n×m,故算法的时间复杂度为 O(nm)。当 n 和 m 值较小时,算法效率尚可,但当 m 和 n 值较大时,算法效率下降明显。

暴力匹配算法不需要使用额外的存储空间,其空间复杂度为 O(1)。

5.2 字符串匹配 KMP 算法

1. 算法介绍

在暴力匹配算法中,每当发生字符不匹配时,根据算法策略,模式串后移

一位开始新一轮的比较,这也正是暴力匹配算法效率较低的原因。如果我们能在发生不匹配时打破后移一位的限制,动态确定模式串后移的长度,移动到下一个最可能发生匹配的位置,那么算法的效率将大大提升,可这样的算法真的存在吗?当然有,那就是著名的 KMP 匹配算法。

KMP 算法使用三位发明者 Knuth、Morris 和 Pratt 名字的首字母命名,是字符串匹配最经典的算法之一。

KMP 算法的原理较为复杂,我们就先通过案例来理解吧!使用 KMP 算法对如图 5-2 所示的字符串进行匹配操作(上面为主串,下面为模式串)。

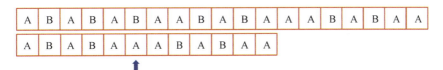

图 5-2　字符串比较

如图 5-3 所示,当进行第一轮比较时,与 BF 算法类似,将主串与模式串左端对齐,指针(箭头)所示位置发生了不匹配。在模式串中,发生不匹配的字符之前,用方框标识两个子串"ABA",我们分别将其称为"公共前缀"(蓝)和"公共后缀"(绿)。

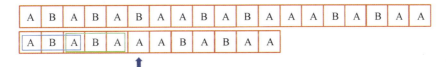

图 5-3　公共前后缀

接下来,移动模式串,将"公共前缀"移动到"公共后缀"所在的位置,移动后如图 5-4 所示。

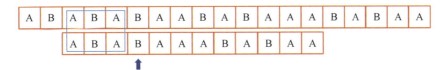

图 5-4　将"公共前缀"移动到"公共后缀"

通过观察可以发现,因为公共前后缀是相同的,所以将"公共前缀"移动到"公共后缀"所在的位置后,指针左侧上下的子串依然是匹配的。这样我们就在确保不跳过可能存在的匹配的情况下,一次性移动了两个字符,打破了暴力匹配算法中每次后移一个字符的限制。安全移动过程如图 5-5 所示。

"老师,这样移动真的不会遗漏可能存在的匹配吗?"

"当然不会,小萌可以自己尝试下看看。"

| A | B | A | B | A | B | A | A | B | A | B | A | A | A | B | A | B | A | A |

不匹配　| A | B | A | B | A | A | B | A | B | A | A |

出现匹配　| A | B | A | B | A | A | B | A | B | A | A |

图 5-5　安全移动

"老师,果然如您所说,没有出现遗漏匹配的情况,将'公共前缀'移动到'公共后缀'的位置刚刚好!"

所以,我们可以总结出 KMP 算法中模式串的移动规则为:当进行比较时,模式串中某个字符 X 发生不匹配时,只要找到字符 X 左侧子串中的"公共前缀"和"公共后缀",将"公共前缀"移动到"公共后缀"所在位置,如此就实现了模式串的跨越式移动。

"老师,上面例子中的'公共前缀'和'公共后缀'是怎么确定的啊?"

"小帅问得好!现在我就来介绍下'公共前缀'和'公共后缀'的确定方法。"

公共前后缀的确定方法如下。
(1)前缀是指除最后一个字符外,一个字符串的全部头部组合。
(2)后缀是指除第一个字符外,一个字符串的全部尾部组合。

（3）"公共前后缀"是指模式串中前缀和后缀所共有的字符元素。

例如，下列各字符串的公共前后缀为：

"A"无前后缀，因为规定前后缀长度需小于子串长度，所以只有一个字符的字符串公共前后缀的长度为0。

"AB"的前缀为[A]，后缀为[B]，共有元素为空，公共前后缀长度为0。

"ABA"的前缀为[A，AB]，后缀为[BA，A]，共有元素为"A"，公共前后缀长度为1。

"ABAB"的前缀为[A，AB，ABA]，后缀为[BAB，AB，B]，共有元素为"AB"，公共前后缀长度为2。

"ABABA"的前缀为[A，AB，ABA，ABAB]，后缀为[BABA，ABA，BA，A]，共有元素为"A""ABA"。出现了两对共有元素，长度分别为1、3，此时我们选择最长的公共前后缀"ABA"，因此其公共前后缀长度为3。

> 在刚才的例子中我们找的并不仅仅是"公共前后缀"，准确地讲，应该是"最长公共前后缀"。因为公共前后缀可能有多个，而我们找的是其中最长的那一对。

其余的子串也按类似的方法进行处理。

当模式串中某一个字符发生不匹配时，仅根据"不匹配字符自身"和"最长公共前后缀"就可以单方面确定下一次移动的距离，而这个过程与主串并无关系。所以，可以在开始匹配操作之前就计算好每个字符发生不匹配时的移动方案，并形成如表5-1所示的移动方案表。

表5-1　发生不匹配时的移动方案

字　符	移　动　方　案
A	最长公共前后缀长度为0，1号位与主串下一位比较
B	最长公共前后缀长度为0，1号位与主串当前位比较
A	最长公共前后缀长度为0，1号位与主串当前位比较
B	最长公共前后缀长度为1，2号位与主串当前位比较
A	最长公共前后缀长度为2，3号位与主串当前位比较
A	最长公共前后缀长度为3，4号位与主串当前位比较
A	最长公共前后缀长度为1，2号位与主串当前位比较
B	最长公共前后缀长度为1，2号位与主串当前位比较
A	最长公共前后缀长度为2，3号位与主串当前位比较
B	最长公共前后缀长度为3，4号位与主串当前位比较
A	最长公共前后缀长度为4，5号位与主串当前位比较
A	最长公共前后缀长度为5，6号位与主串当前位比较

这个移动方案是怎么得到的呢？我们来解读一下。

为了便于描述，先为模式串中的每个字符进行编号（从 1 开始），如图 5-6 所示。

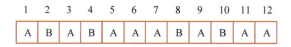

图 5-6　为模式串字符编号（从 1 开始）

假设发生如图 5-7 所示的情况，即模式串中的第 4 个字符 B 发生不匹配。

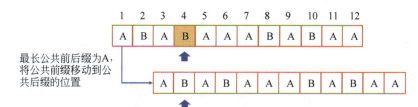

图 5-7　计算移动方案

为了确定其移动方式，根据算法规则，需要先确定其左侧子串"ABA"中的最长公共前后缀，子串"ABA"的最长公共前后缀为"A"，随后将公共前缀移动到公共后缀所在位置，移动后的效果为：模式串的 2 号位（即第二个字符 B）与主串当前位对齐。因此，只要当 4 号位的字符 B 发生不匹配时，我们都按照同样的方案进行移动即可。对模式串中的每个字符重复以上计算过程，最终就得到了移动方案表。

通过观察可以发现如下规律：如果最长公共前后缀的长度为 n，就可以得到"将模式串 $n+1$ 号位与主串当前位比较"的规则。

接下来，我们将模式串的第一个字符的值标记为 0（该字符比较特殊，其值通常直接赋值为 0），其余字符按移动方案中开头数字编号，如模式串中的第二个字符"B"，其移动方案为"1 号位与主串当前位比较"，所以其值标记为 1，以此类推，我们就可以得到值与字符下标的对应关系表，该表通常称为 Next 表，如表 5-2 所示。

表 5-2　Next 表

字符	A	B	A	B	A	A	A	B	A	B	A	A
下标	1	2	3	4	5	6	7	8	9	10	11	12
值	0	1	1	2	3	4	2	2	3	4	5	6

Next 表指明了当特定字符发生不匹配时，模式串要移动到的位置。因此在算法开始正式的匹配运算前，程序需要先生成 Next 表，这个阶段被称为"预处理阶段"。

2. 代码实现

KMP 算法的实现代码如下。

```
'''
    构造临时 next 数组
'''
def getNext(pattern):
    # 初始化 next 数组
    next_list = [0 for i in range(len(pattern))]
    # 初始化下标，j 指向模式串
    #t 记录位置，便于 next 数组赋值
    j = 1
    t = 0
    while j < len(pattern):
        # 第一次比较：t 等于 0，直接进行赋值，初始化 1 号位移动方案，每次
        # 长度自增 1
        # 后续比较：判断字符是否相等，Python 数组下标从 0 开始，因此均减 1
        if t == 0 or pattern[j - 1] == pattern[t - 1]:
            # 长度加 1
            next_list[j] = t + 1
            j += 1
            t += 1
        else:
            # 字符不相等，t 回溯
            t = next_list[t - 1]
    return next_list

'''
    KMP 字符串匹配的主函数
    若匹配成功，返回模式串在主串中开始位置的下标
```

若匹配不成功，返回 -1
'''
```python
def KMP(text, pattern):
    next = getNext(pattern)
    # 主串计数
    i = 0
    # 模式串计数
    j = 0
    while i < len(text) and j < len(pattern):
        if (text[i] == pattern[j]):
            i += 1
            j += 1
        elif j != 0:
            # 调用 next 数组
            j = next[j - 1]
        else:
            # 不匹配主串指针后移
            i += 1
    if j == len(pattern):
        return i - len(pattern)
    else:
        return -1


if __name__ == "__main__":
    text = 'abcxabcdabcdabcy'
    pattern = 'abcdabcy'
    out = KMP(text, pattern)
    print(out)
```

【问题 5-2】 使用 KMP 算法实现如下字符串匹配程序：给定一个主串

"abcokabkoh"和一个模式串"abk",找出模式串在主串中第一次出现的位置,若不存在则返回 –1。

3. 算法复杂度

KMP 算法的时间复杂度和空间复杂度计算过程如下。

在 KMP 算法中多了一个求 Next 数组的过程,因此除了要计算比较次数,我们还要考虑构建 Next 数组的时间和空间成本。

设主串长度为 n,模式串长度为 m。求 Next 数组的时间复杂度为 $O(m)$,空间复杂度为 $O(m)$。因后面匹配过程中主串不回溯,比较次数可记为 n,因此 KMP 算法的总时间复杂度为 $O(m+n)$,空间复杂度记为 $O(m)$。相比于暴力匹配算法的时间复杂度 $O(mn)$,KMP 算法的效率提升是非常明显的,它通过少量的空间消耗换得了极高的时间提速,这是动态规划中空间换时间思想的优秀实践。

5.3 字符串匹配 BM 算法

1. 算法介绍

KMP 算法已经非常强大,但还有比它更强大的字符串匹配算法,那就是 BM 算法。1977 年,德克萨斯大学的 Robert S. Boyer 教授和 J Strother Moore 教授发明了一种新的字符串匹配算法:Boyer-Moore 算法,简称 BM 算法。

该算法从模式串的尾部开始匹配(BM 算法在移动模式串的时候是从左到右,而进行比较的时候是从右到左的)。一般情况下,BM 算法的执行效率要比 KMP 算法快 3~5 倍。各种记事本的"查找"功能(Ctrl+F)一般都是采用此算法实现。

与 KMP 算法相比,BM 算法能够更高效地移动模式串,而这要得益于 BM 算法中定义的两个规则:好后缀规则和坏字符规则。坏字符和好后缀的定义如下。

(1)坏字符:当模式串和主串中的字符不匹配时,主串中的失配字符就称为坏字符。

（2）好后缀：当模式串和主串中的字符不匹配时，在失配字符之后，模式串和主串中所有相等的字符子串就是好后缀。

从图 5-8 中可以清晰地看出它们的含义。

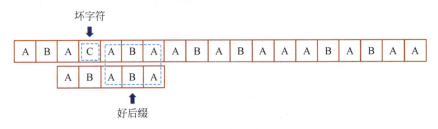

图 5-8　坏字符与好后缀

两个规则都会对模式串的移动距离造成影响，BM 算法向右移动模式串的距离就是取坏字符和好后缀算法得到的最大值。

下面我们依次来看看两个规则。

1）坏字符规则

情况 1：坏字符没出现在模式串中，这时可以把模式串移动到坏字符的下一个字符，继续比较，如图 5-9 所示。

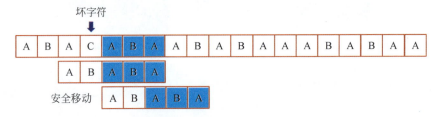

图 5-9　坏字符（情况 1）

情况 2：坏字符出现在模式串中，这时可以把模式串中最靠右第一个出现的坏字符和主串的坏字符对齐，如图 5-10 所示。

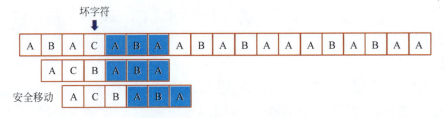

图 5-10　坏字符（情况 2）

总结上述两种情况，我们可以得到坏字符规则下的移动距离公式为：

移位数 = 模式串中失配字符的位置 − 坏字符在模式串中最右出现的位置

2）好后缀规则

情况 1：模式串中有子串匹配上好后缀，此时移动模式串，让该子串和好后缀对齐即可，如果超过一个子串匹配上好后缀，则选择最靠左边的子串对齐，如图 5-11 所示。

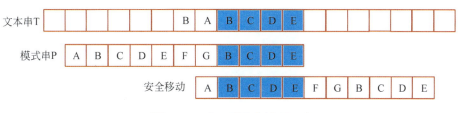

图 5-11　好后缀（情况 1）

情况 2：模式串中没有子串匹配上好后缀，此时需要寻找模式串的一个最长前缀，并让该前缀等于好后缀的后缀，寻找到该前缀后，让该前缀和好后缀对齐即可，如图 5-12 所示。

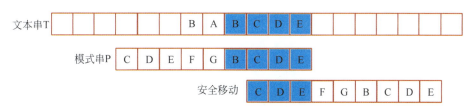

图 5-12　好后缀（情况 2）

情况 3：模式串中没有子串匹配上好后缀，并且在模式串中找不到最长前缀，让该前缀等于好后缀的后缀。此时，直接移动模式串到好后缀的下一个字符，如图 5-13 所示。

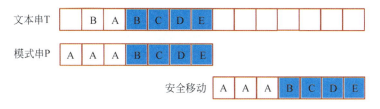

图 5-13　好后缀（情况 3）

综上所述，好后缀的规则下的移动距离公式为：

移位数 = 好后缀的位置 − 好后缀或最长前缀在模式串中上一次出现的位置

2. 代码实现

BM 算法的代码实现如下。

```python
def getbadChar(pattern):
    # 预生成坏字符表
    badChar = dict()
    for i in range(len(pattern) - 1):
        char = pattern[i]
        # 记录坏字符最右位置（不包括模式串最右侧字符）
        badChar[char] = i + 1
    return badChar

def getgoodSuf(pattern):
    # 预生成好后缀表
    goodSuf = dict()
    # 无后缀仅根据坏字符移位规则
    goodSuf[''] = 0
    for i in range(len(pattern)):
        # 好后缀
        GS = pattern[len(pattern) - i - 1:]
        for j in range(len(pattern) - i - 1):
            # 匹配部分
            NGS = pattern[j:j + i + 1]
            # 记录模式串中好后缀最靠右位置（除结尾处）
            if GS == NGS:
                goodSuf[GS] = len(pattern) - j - i - 1
    return goodSuf

def BM(string, pattern):
    """ Boyer-Moore 算法实现字符串查找 """
    m = len(pattern)
    n = len(string)
    i = 0
    j = m
    indies = []
```

```python
        badChar = getbadChar(pattern=pattern)    # 坏字符表
        goodSuf = getgoodSuf(pattern=pattern)    # 好后缀表
        while i < n:
            while (j > 0):
                if i + j -1 >= n:  # 当无法继续向下搜索就返回值
                    return indies
                # 主串判断匹配部分
                a = string[i + j - 1:i + m]
                # 模式串判断匹配部分
                b = pattern[j - 1:]
                # 当前位匹配成功则继续匹配
                if a == b:
                    j = j - 1
                # 当前位匹配失败根据规则移位
                else:
                    i = i + max(goodSuf.setdefault(b[1:], m), j -
                    badChar.setdefault(string[i + j - 1], 0))
                    j = m
                # 匹配成功返回匹配位置
                if j == 0:
                    indies.append(i)
                    i += 1
                    j = len(pattern)
```

【问题 5-3】 使用 BM 算法实现如下字符串匹配程序：给定一个主串"abcokabkoh"和一个模式串"abk"，找出模式串在主串中第一次出现的位置，若不存在则返回 –1。

3. 算法复杂度

BM 算法的时间复杂度和空间复杂度如下。

我们假设主串的长度是 n，模式串的长度是 m，其预处理阶段的时间复杂度为 $O(m+s)$，空间复杂度为 $O(s)$，s 是与模式串和子串相关的有限字符集长度。

搜索阶段，在最好的情况下，如模式串为 $a^{m-1}b$，主串为 b^n，总的比较次数为 $(n-m)/m$，此时的时间复杂度为 $O(n/m)$；在最坏的情况下，如模式串为"CABABA"，主串为"XXXXAABABAXXXXAABABA……"，可以看出每次最多只能移动两步，那么比较次数为 $(n-m)/2 \times (m-2)$，也就是 $O(m \times n)$，因此，BM 算法的时间复杂度是 $O(mn)$。

从表面上看，KMP 算法拥有 $O(m+n)$ 的时间复杂度，BM 的时间复杂度为 $O(mn)$，但多篇学术文献的研究结果表明，在实际运行效率上反而是 BM 算法更高，这是由于 BM 算法在实际运行过程中经常能达到算法的平均效率，甚至最好情况下达到 $O(n/m)$ 的时间复杂度。

本单元学习了三种字符串匹配算法，它们的时间复杂度和空间复杂度汇总如表 5-3 所示。

表 5-3 三种字符串匹配算法的复杂度

匹配方法	时间复杂度	空间复杂度
暴力匹配（BF）算法	$O(mn)$	$O(1)$
KMP 算法	$O(m+n)$	$O(m)$
BM 算法	$O(mn)$	$O(s)$

"本单元我们主要学习了三种常见的字符串匹配算法，即：暴力匹配(BF)、KMP 和 BM 算法。三个算法各具特点：BF 算法易于理解和实现，KMP 和 BM 算法则采用了减少比较次数的优化策略，大家根据应用场景和算法特点来灵活应用吧。本单元后面的习题，有助于检验大家的学习效果，抓紧做一下吧。"

习 题

1. 设有两个字符串 p 和 q，其中，q 是 p 的子串，求 q 在 p 中首次出现位置的算法称为（　　）。

  A. 求子串　　　　B. 匹配　　　　C. 连接　　　　D. 求串长

2. KMP 算法中最长公共前后缀利用的是（　　）。

  A. 分治策略　　B. 动态规划　　C. 分支限界　　D. 概率算法

3. 已知串 S="aaab"，其 Next 数组值为（　　）。

  A. 0123　　　　B. 1123　　　　C. 1231　　　　D. 1211

4. KMP 算法中，在长为 n 的主串中匹配长度为 m 的模式串的时间复杂度为（　　）。

  A. O(n)　　　　B. O(m+n)　　　C. O(m+logm)　　D. O(n+logm)

5. 在 KMP 算法中，用 Next 数组存储模式串的移位信息。当模式串位 j 与主串 i 位比较时，两字符不相等，则 i 的位移方式是（　　）。

  A. i=Next[j]　　B. i 不变　　　C. j 不变　　　D. j=Next[j]

6. 在 KMP 算法中，用 Next 数组存储模式串的移位信息。当模式串位 j 与主串 i 位比较时，两字符不相等，则 j 的位移方式是（　　）。

  A. i=Next[j]　　B. i 不变　　　C. j 不变　　　D. j=Next[j]

7. BM 算法中，在长为 n 的主串中匹配长度为 m 的模式串的时间复杂度为（　　）。

  A. O(n)　　　　B. O(m+n)　　　C. O(m+logm)　　D. O(mn)

8. KMP 算法的特点是在模式匹配时主串不需要移位。（　　）

  A. 正确　　　　B. 错误

9. 设主串长为 n，模式串长为 m，则 KMP 算法所需的附加空间是（　　）。

  A. O(m)　　　　B. O(n)　　　　C. O(mn)　　　　D. O(nlog(2m))

10. 编写程序实现如下的功能。

（1）编写函数实现字符串暴力匹配算法。

（2）调用函数，在给定主串 a 中匹配模式串 b。如匹配成功，返回模式串在主串中第一次出现的位置；如匹配失败，返回 –1。

> **说明：**
>
>   a="abcxabcdabcdabcy"
>
>   b="abcdabcy"

第6单元 蒙特卡罗算法

"小帅,我想学个乐器,你说是学吉他好还是学古筝好?"

"这个简单啊,你丢个硬币决定不就好了!"

"丢硬币也太随意了吧,不科学啊!"

大家是否和小萌小帅一样,遇到难以抉择的问题时,往往想通过抛硬币来解决问题,也就是所谓的听天由命。抛硬币真的能够解决问题吗?你别说,有的时候还真的可以,不信的话,我们就来学习一个和抛硬币类似的算法,它可是解决某些工程问题的神兵利器,它就是蒙特卡罗算法。

6.1 蒙特卡罗算法简介

蒙特卡罗(Monte Carlo)方法,又称统计模拟法或统计实验法,诞生于20世纪40年代美国的"曼哈顿计划",由冯·诺依曼和乌拉姆等人发明,名字来源于赌城蒙特卡罗,象征概率。

蒙特卡罗方法的基本思想是:当所要求解的问题是某种事件出现的概率或者是某个随机变量的期望值时,它们可以通过某种"实验"的方法,得到这种事件出现的频率,或者这个随机变数的平均值,并用它们作为问题的解。

"老师,算法原理有点难懂,能不能举个例子啊?"

"好的,小萌,咱们就以抛硬币为例讲解下吧。"

硬币有正反两面，当硬币被抛上天空时，你得到正反面的概率各是50%。只要具备基本的数学知识，大家都能得到相同的结论。可是如果不利用数学，我们可以得到这样的结论吗？当然可以，我们只要亲自实验下就可以啦！

通过实验可以发现，当我们只抛1次，抛10次，甚至抛100次时，所得到的结果可能大相径庭。只有当我们的实验次数足够多时，例如，抛一万次，十万次，千万次时，才会得到正反面概率各一半的结论。这就是最简单朴素的蒙特卡罗算法实践了。当然抛一千万次硬币对于人类来说基本不可能，但是对计算机来说就很简单了。

> 所以，"大量随机抽样"和"逐渐逼近精确值"是蒙特卡罗算法的标志性特征。简单地说，蒙特卡罗方法是一种计算方法，原理是通过大量随机样本去了解一个系统，进而得到所要计算的值。

使用蒙特卡罗法求解问题时，首先会建立一个概率模型或随机过程，使它的参数或数字特征等于问题的解，然后通过对模型或过程的观察或抽样实验来计算这些参数或数字特征，最后给出所求解的近似值。解的精确度用估计值的标准误差来表示。蒙特卡罗法的主要理论基础是概率统计理论，主要手段是随机抽样、统计实验。

基于以上理解，使用蒙特卡罗方法求解问题的基本步骤可总结如下。

（1）根据实际问题的特点，构造简单而又便于实现的概率统计模型，使所求的解恰好是所求问题的概率分布或数学期望。

（2）给出模型中各种不同分布随机变量的抽样方法。

（3）统计处理模拟结果，给出问题解的统计估计值和精度估计值。

蒙特卡罗算法非常强大和灵活，同时又简单易懂，易于实现。对于许多问题来说，它往往是最简单的计算方法，有时甚至是唯一可行的方法。事实上，生活中存在着很多利用数学方法难以计算，但通过多次实验就可以得到结论的问题——如圆周率的计算，这时就轮到蒙特卡罗算法大显身手了。

"老师，这样听起来干巴巴的，我还是没懂，呜呜呜~"

"不要急，小帅！我们就通过使用蒙特卡罗算法求解圆周率 π 的例子来理解吧。"

6.2 蒙特卡罗算法的应用

蒙特卡罗算法最经典的应用之一就是圆周率的求解问题。

圆周率是圆的周长与直径的比值（也等于圆形面积与半径平方之比），一般用希腊字母 π 表示。π 是一个在数学及物理学中普遍存在的数学常数（约等于 3.141 592 654），是精确计算圆周长、圆面积、球体积等几何形状的关键值。π 是一个无理数（即无限不循环小数），在日常生活中，通常都用 3.14 代表圆周率进行近似计算，用 9 位小数 3.141 592 654 便足以应付一般计算。但对几何学、物理学和很多需要进行精密计算的工程学科来讲，π 值的精确求解具有相当重要的意义。

圆周率 π 的近似计算问题具有悠久的历史，几千年来全世界的数学家们前赴后继将 π 值的精度逐步提高，其中，我国古代的著名数学家刘徽和祖冲之更是做出了巨大的贡献，如图 6-1 所示。公元 263 年，中国数学家刘徽用"割圆术"计算圆周率，得到圆周率约等于 3.1416。公元 480 年左右，南北朝时期的数学家祖冲之计算得出圆周率 π 的近似值在 3.141 592 6 和 3.141 592 7 之间，并提出圆周率的约率为 22/7，密率为 355/113，进一步得出精确到小数点后 7 位的结果。祖冲之首创上下限的提法，将圆周率规定在指定界限间，其计算的圆周率精确值在当时的世界遥遥领先，直到 1000 年后阿拉伯数学家阿尔卡西才超过该精度。因此，国际上曾提议将"圆周率"定名为"祖率"。

祖冲之
南北朝时期杰出的
数学家、天文学家

刘徽
魏晋时期数学家

图 6-1 祖冲之与刘徽

此后，人们开始尝试利用无穷级数或无穷连乘积求 π，从而摆脱可割圆术的繁复计算。由于 π 无法用任何精确公式表示，只能通过一些近似公式的求解得到，直到 1948 年，英国的弗格森（D. F. Ferguson）和美国的伦奇共同

发表了 π 的 808 位小数值，成为人工计算圆周率值的最高纪录。

如图 6-2 所示的就是数学领域中用于求解圆周率的经典公式之一——Bailey-Borwein-Plouffe 公式。

$$\pi = \sum_{i=0}^{\infty} \left[\frac{1}{16^i} \left(\frac{4}{8i+1} - \frac{2}{8i+4} - \frac{1}{8i+5} - \frac{1}{8i+6} \right) \right]$$

图 6-2　用于计算圆周率的 Bailey-Borwein-Plouffe 公式

数学方法的复杂和求解难度可以说是令人生畏，望而却步的。不过，借助计算机技术和蒙特卡罗算法，我们就可以省却繁杂的数学推导和演算过程，实现圆周率的简单快速求解。

在具体求解之前，让我们先来分析圆的一些特性。先假定有一个边长为 2 的正方形，在正方形内部有一个相切的圆，如图 6-3 所示。

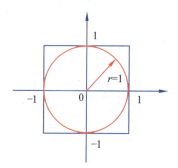

图 6-3　正方形内切圆

内切圆的半径为 1，记为 $r=1$。根据已有数学知识，内切圆的面积与正方形面积之比可以表示为：

$$\frac{圆的面积}{正方形面积} = \frac{\pi r^2}{(2r)^2} = \frac{\pi}{4}$$

对公式进行变形，可以得到：

$$\pi = 4 \times \frac{圆的面积}{正方形面积}$$

由公式可知，计算出圆周率 π 的关键在于得到圆与正方形的面积。接下来我们就使用蒙特卡罗算法求解"圆面积和正方形面积之比"。

如果将正方形和内切圆看作一个"飞镖靶盘"，向靶盘上投掷飞镖，并规定飞镖不会脱靶，即：飞镖必然能落在靶盘上，且要么落在圆内部，要么落在正方形内切圆外的区域中，如图 6-4 所示。

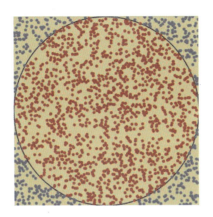

图 6-4　靶盘点分布示意图

如果投掷飞镖的次数足够多，以至于这些点覆盖满了整个靶盘，那么将圆内的点数看作圆的面积，总点数看作正方形的面积，利用点数之比，就相当于求解了内切圆和正方形的面积之比。

经过梳理，我们可以得到蒙特卡罗算法求解圆周率的大致过程如下。

步骤1：随机向单位正方形和圆内抛洒大量"飞镖"点。

步骤2：计算每个点到圆心的距离从而判断该点落在圆内或者圆外。

步骤3：用圆内的点数除以总点数就是 π/4 值。

随机点数量越大，越充分覆盖整个图形，计算得到的 π 值越精确。实际上，这个方法的思想是利用离散点值表示图形的面积，通过面积比例来求解 π 值。

由于图形是中心对称的，为了简化运算，我们可以只利用图形的四分之一来求解问题，如图 6-5 所示。

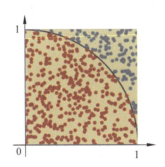

图 6-5　1/4 圆点分布示意图

蒙特卡罗算法求解圆周率 π 代码实现如下。

```
from random import random
from math import sqrt
from time import *
```

```
dots = 10000000
hits = 0.0
t0=perf_counter()
for i in range(1, dots + 1):
    x, y = random(), random()
    dist = sqrt(x ** 2 + y ** 2)
    if dist <= 1.0:
        hits = hits + 1
pi = 4 * (hits/dots)
print("Pi 值是 {}".format(pi))
t1=perf_counter()
print(" 运行时间是：{:.5f}s".format(t1-t0))
```

当逐渐增大投掷次数（点的总数）时，可以发现，随着点数增加，计算得到 π 的精度在不断增加。表6-1中列举了不同点数下，π 的精度和计算时间。

表6-1　点数、π 精度、运行时间对比

点　　数	π　　值	运 行 时 间
10^4	3.129 6	0.014 66s
10^5	3.148 08	0.108 24s
10^6	3.142 752	1.061 92s
10^7	3.141 240 8	9.116 30s
10^8	3.141 541 56	82.862 10s

综上可知，使用蒙特卡罗法求解问题时，所得到解的精确度与随机样本数量成正比。实验次数越多，样本空间越大，得到精确解或最优解的概率越大。蒙特卡罗算法的优缺点总结如下。

蒙特卡罗法的优点：

（1）方法的误差与问题的维数无关。

（2）对于具有统计性质的问题可以直接进行解决。

（3）对于连续性的问题不必进行离散化处理。

蒙特卡罗法的缺点：

（1）对于确定性问题需要转换成随机性问题。

（2）误差是概率误差。

（3）通常需要较多的计算步数。

【问题 6-1】 自行实现蒙特卡罗算法求解圆周率 π 的代码,调整点数,记录不同点数下的圆周率精度,观察所得结果与表 6-1 中精确度增长趋势是否一致。

"本单元所学习的蒙特卡罗算法用朴素的'投掷飞镖'的统计方法,就把原本需要深奥公式和函数才能解决的计算问题通过'数飞镖'的方式轻松完成了,这真令人耳目一新!

蒙特卡罗方法在金融学、经济学、生物医学、物理学等领域都有着广泛的应用,散发着机器学习的光芒。而Python,这样一种应用为王的语言,通过简洁明了的几行代码就可以实现蒙特卡罗算法了。希望同学们通过本单元的学习,能够得到应用巧妙的算法降低解决复杂问题难度的启迪,在深入的学习中不断发挥创造力,通过领悟、应用、设计算法,在未来的'元宇宙'中尽情翱翔。"

习 题

1. 蒙特卡罗算法本质上属于(　　)。
   A. 分支界限算法　　　　　　B. 概率算法
   C. 贪心算法　　　　　　　　D. 回溯算法
2. 对蒙特卡罗算法理解正确的是(　　)。
   A. 蒙特卡罗算法是一种统计手段,可靠且无穷尽的随机数是其实现的基础
   B. 使用蒙特卡罗算法一定能够得到问题的精确解

C. 蒙特卡罗算法是一种计算机程序

D. 蒙特卡罗算法无法得到精确解，所以应用范围有限

3. 以下对蒙特卡罗算法的描述错误的是（　　）。

A. 蒙特卡罗算法原理较为复杂，不易实现

B. 使用蒙特卡罗算法得到的是精确解的近似解

C. 蒙特卡罗算法采样越多，越近似最优解

D. 蒙特卡罗算法具有简单、易于实现的优点

4. 以下有关蒙特卡罗算法的说法中错误的是（　　）。

A. 蒙特卡罗算法不能够用于求解不规则图形的面积

B. 蒙特卡罗算法通过随机点来模拟实际的情况，不断抽样以逼近真实值

C. 蒙特卡罗算法起源于美国的"曼哈顿计划"

D. 蒙特卡罗算法所求解的问题可以转换为某种随机分布的特征数，比如随机事件出现的概率，或者随机变量的期望值

"老师,外面下雪了,雪花好美啊……"

"哈哈!又可以打雪仗了!"

"咳咳!还没下课呢,雪花也有大学问!每片雪花都体现了分形几何的美,要不我教你们用分形几何画画吧!小帅,别看窗外了……"

7.1 大自然中的分形几何

我们生活在一个极其复杂的世界中,缥缈莫测的云朵、晶莹飞舞的雪花、蜿蜒曲折的海岸线、枝繁叶茂的树木等,无一不展现着自然界的复杂与美。基于传统欧几里得几何学的各门自然科学总是把研究对象想象成一个个规则的形体,而我们生活的世界竟如此不规则和支离破碎,与欧几里得几何图形相比,拥有完全不同层次的复杂性。

分形理论的缔造者——本华·曼德博(Benoit B. Mandelbrot)在其所著的《大自然的分形几何学》中曾说:"云彩不是球体,山岭不是椎体,海岸线不是圆周,树皮并不光滑,闪电更不是沿着直线传播的。"

因此,传统意义上的几何学在描写大自然的造物时(如:云彩、山岭、海岸线或树木的形状时)显得如此无力。好在分形几何的出现,填补了这一领域的空白。分形几何提供了一种描述这种不规则复杂现象中的秩序和结构的新方法。

什么是分形几何?通俗一点说就是研究无限复杂但具有一定意义下的自相似图形和结构的几何学。

分形(Fractal)一词是本华·曼德博创造出来的,其原意具有不规则、支离破碎等意义。此处是指具有以非整数维形式充填空间的形态特征。通常被定义为"一个粗糙或零碎的几何形状,可以分成数个部分,且每一部分都(至少近似地）是整体缩小后的形状"，即其具有自相似的性质。

什么是自相似呢？例如，一棵参天大树与它自身上的树枝和枝杈，在形状上没什么大的区别，大树与树枝这种关系在几何形状上称为自相似关系。再如绵延的山脊，无论将其放大多少倍，它的形状依然蜿蜒曲折，等等。这些例子在我们的身边随处可见，而它们都属于分形几何的研究范畴。下面我们就来看看大自然中广泛存在的分形几何吧。

如图 7-1 所示的是一株普通的铁蕨萁（俗称：梳子草），通过观察可以发现，其整体结构和枝叶间存在着高度的自相似性，每一片小小的叶子中都蕴含着整体的结构。

图 7-1　铁蕨萁整体及局部放大

再如罗马花椰菜（如图 7-2 所示），这是一种非常奇特的植物，在很小尺度上的结构和较大尺度上的结构是一致的，具有高度的相似性。

图 7-2　罗马花椰菜

很多动物也存在着这种自相似的情况，比如鹦鹉螺和孔雀，如图 7-3 所示。

除了动植物，大到地形、河流的走势、山峰以及云彩，都有自相似的影子，如图 7-4 所示。

在人体中也有很多自相似的结构，比如肺，还有血管和神经系统，如图 7-5 所示。

图 7-3　鹦鹉螺及孔雀开屏

图 7-4　地形及河流走势

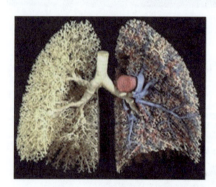
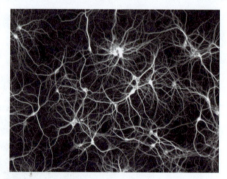

图 7-5　肺及神经元

再如微观世界下的雪花和冰霜，如图 7-6 所示。

图 7-6　雪花及冰霜

自相似分形几何学说建立之后，很快就引起了很多学科的关注。在许多科学（如物理学、天文学、生物学、流体力学）和艺术（音乐、绘画）领域都得到应用和发展。一言以蔽之，分形就是自然界复杂本质的表现。

请大家想一想大自然中还有哪些分形几何的例子。

7.2 Koch 曲线的递归算法

大自然中的分形几何，使我们感受到了大自然鬼斧神工下的奇异世界和造化的分形之美。其中，雪花更是给人留下了深刻的印象，在本节中我们就使用科赫（Koch）曲线来亲手绘制一片美丽晶莹的雪花。

Koch 曲线是由瑞典数学家冯·科赫提出的一种经典数学曲线，因其形似雪花，故又被称为雪花曲线。其具有如下的性质。

（1）它是一条连续的回线，永远不会自我相交。

（2）它是一个无限构造的有限表达，每次变化面积都会增加，但是总面积是有限的，不会超过初始三角形的外接圆。

（3）曲线是无限长的，即在有限空间里的无限长度。

（4）它拥有自相似性，即将它放大之后会看到一个小的 Koch 雪花。

Koch 曲线的基本绘制方法如下。

此处规定，正整数 n 代表 Koch 曲线的阶数，表示生成 Koch 曲线过程的操作次数。Koch 曲线初始化阶数为 0，表示一个长度为 L 的直线。对于直线 L 将其等分为 3 段，中间一段用边长为 $L/3$ 的等边三角形的两个边替代，得到 1 阶 Koch 曲线，它包含 4 条线段。进一步对每条线段重复同样的操作后得到 2 阶 Koch 曲线。重复操作 n 次可以得到 n 阶 Koch 曲线。

掌握了 Koch 曲线的画法后，我们就可以用 Koch 曲线来绘制漂亮的雪花啦！具体步骤如下。

步骤 1：画一个等边三角形，如图 7-8 所示。

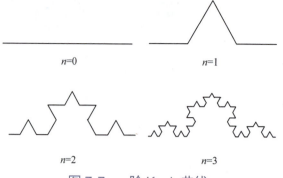

图 7-7　n 阶 Koch 曲线　　　　　　图 7-8　等边三角形

步骤 2：把边长为原来三角形边长的三分之一的小等边三角形迭放在原来三角形的三条边上，由此得到一个六角星，如图 7-9 所示。

步骤 3：再将这个六角星的每个角上的小等边三角形按上述同样方法变成一个小六角星，如图 7-10 所示。

步骤 4：如此一直进行下去，就得到了雪花的形状，如图 7-11 所示。

  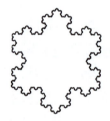

图 7-9　六角星　　　　　图 7-10　小六角星　　　　　图 7-11　雪花

从实现方法描述可以看出，雪花本质上就是由一个每条边为 n 阶 Koch 曲线的三角形构成，所以实现算法的关键在于使用递归算法实现 n 阶 Koch 曲线的绘制。

利用 turtle 库来实现雪花的绘制，算法代码实现如下。

```
import turtle as t
# 绘制 n 阶 Koch 曲线
#size:0 阶 Koch 曲线的长度，n：阶数
def koch(size, n):
    # 递归边界：绘制 0 阶 Koch 曲线
    if n==0:
        t.fd(size)
    else:
        # 递归调用绘制 n-1 阶 Koch 曲线
```

```
        for angle in [0, 60, -120, 60]:
            t.left(angle)
            koch(size/3, n-1)

if __name__=='__main__':
    t.setup(500, 500)
    t.pen(speed=0, pendown=False, pencolor='blue')
    t.delay(0)
    # 定义 0 阶 Koch 曲线长度 length 和阶数 n
    length, n = 400, 4
    # 调整起笔位置（有 30°角的直角三角形三边比为 1:2:√3 ）
    t.goto(-length/2, length/2/pow(3, 0.5))
    t.pd()
    # 构成雪花的基础图形为倒置三角形
    for i in range(3):
        koch(length, n)
        t.right(120)
    t.ht()
t.done()
```

运行结果如图 7-12 所示。

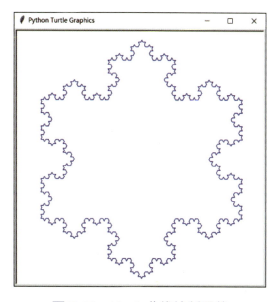

图 7-12　Koch 曲线绘制雪花

7.3 分形树的递归算法

如图 7-13 所示是一棵由大自然造就的二叉树，它具有非常明显的自相似性。可以明显看出：该树的每个分叉和每条树枝，实际上都具有整棵树的外形特征，即：从树干开始分出两个枝杈，每个枝杈又天然地生长出两个分支，按此规律茁壮成长。所以这是一个典型的分形树结构。

图 7-13　自然界中的分形树

进一步分析，我们可以把树分解为三个部分：树干、右侧子树、左侧子树，如图 7-14 所示。

图 7-14　二叉树分解

分解后的二叉树具有明显的递归特性，因此，我们同样可以使用递归方法来绘制分形图。由于其实现方法原理较为简单，这里直接给出分形树的递归实现代码。

```python
import turtle
def tree(branch_len):
    # 树干太短不画，即递归结束条件
    if branch_len > 5:
        # 画树干
        t.forward(branch_len)
        # 右倾斜20°
        t.right(20)
        # 递归调用，画右边的小树，树干减15
        tree(branch_len - 15)
        # 向左回40°，即左倾斜20°
        t.left(40)
        # 递归调用，画左边的小树，树干减15
        tree(branch_len - 15)
        # 向右回20°，即回正
        t.right(20)
        # 海龟退回原位置
        t.backward(branch_len)

t = turtle.Turtle()
t.left(90)
t.penup()
t.backward(100)
t.pendown()
t.pencolor('green')
t.pensize(2)
# 画树干长度75的二叉树
tree(75)
t.hideturtle()
turtle.done()
```

程序运行结果如图7-15所示。

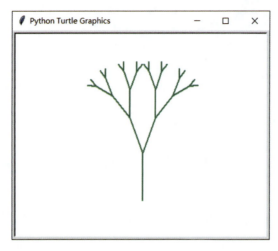

图 7-15　分形树绘制运行结果

【问题 7-1】　请在上述代码的基础上调整树干长度、分支数量、颜色等参数，DIY 一棵自己喜欢的分形树吧。

牛顿迭代，又叫"牛顿 - 拉弗森方法"（Newton-Raphson method），是在数值求解非线性方程（组）时经常使用的方法。有些牛顿迭代算法能够绘制出漂亮的图形，所以现在也常用于图形设计。下面对使用牛顿迭代算法绘图的基本原理进行简单介绍。

假如需要求解方程 $f(x)=0$ 的根，其中，x 的定义域是整个复平面。这时就可以使用牛顿法来求解该方程。牛顿法是一种数值解法，其基本原理简单地讲就是通过切线去逼近方程的根，最终获得方程的近似解。使用牛顿法解方程时，首先会估算一个"比较好"的初始值 x_1，然后使用如下的迭代公式逐步逼近方程的根。

$$x_{n+1}=x_n-\frac{f(x_n)}{f'(x_n)}$$

牛顿法可以确保，如果初始猜测值在根附近，那么迭代必然收敛。而且牛顿法是个二阶方法，收敛速度相当快。如图 7-16 所示的是牛顿法迭代一步的示意图。

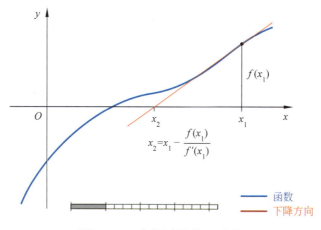

图 7-16　牛顿法迭代示意图

公式在 x_1 处沿着方向 $\frac{f(x_1)}{f'(x_1)}$ 下降，显然只要这个切线的斜率不为 0，那么一定可以获得它和 x 轴的交点 x_2。将 x_2 作为下一个取值代入迭代公式，重复上述过程进行迭代，很快就可以得到一个足够接近精确值的近似解。n 次方程在复数域上有 n 个根，那么用牛顿法收敛的根就可能有 n 个目标。牛顿法收敛到哪个根取决于迭代的起始值。根据最后的收敛结果，我们把所有收敛到同一个根的起始点画上同一种颜色，最终就形成了牛顿分形图。图 7-17 中展示的是求解方程 $x^3-1=0$ 时产生的牛顿分形图。

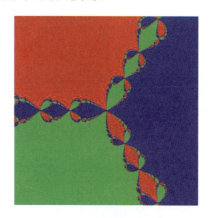

图 7-17　牛顿分形图（$x^3-1=0$）

图 7-17 中的三种颜色代表了收敛的三个根，分别为 –0.5+0.886i，–0.5–0.886i 和 1。左上角都是红色的，代表了如果把左上角的点作为牛顿法迭代的初始值，最终会收敛到 –0.5+0.886i。左下角是绿色的，代表这些初始值会收敛到 –0.5–0.886i。右边是蓝色的，代表会收敛到 1。神奇的是，中间的三个带状区域，是红绿蓝交错的，而且无限重复自己的细节。

要绘制牛顿分形图，首先要实现牛顿法解方程的相关函数，代码实现如下。

```python
def newton_method(f, df, c, eps, max_iter):
    """f 是一个函数，我们要求解 f(x)=0
    df 是 f 的导数
    c 是迭代的初始值
    当两步迭代结果的距离之差小于 eps 的时候即认为收敛到根
    max_iter 是最大迭代次数 """
    for i in range(max_iter):
        c2 = c - f(c) / df(c)      # 迭代公式
        if abs(f(c)) > 1e10:        # 溢出
            return None, None
        if abs(c2 - c) < eps:       # 达到收敛条件
            return c2, i             # 返回根和收敛所需的迭代次数
        c = c2
```

其次，做好绘图的准备工作，我们需要用到下面两个库。

```python
import numpy as np
from PIL import Image
```

然后，我们定义一个取色板函数，根据方程根的次序选取颜色。

```python
def color(ind, level):
    """ 每种颜色用 RGB 值表示：(R, G, B)，
    level 是灰度，收敛所用的迭代次数 """
    colors = [(180, 0, 30), (0, 180, 30), (0, 30, 180),
              (0, 190, 180), (180, 0, 175), (180, 255, 0),
              (155, 170, 180), (70, 50, 0),
              (150, 60, 0), (0, 150, 60), (0, 60, 150),
              (60, 150, 0), (60, 0, 150), (150, 0, 60),
```

```
                (130, 80, 0), (80, 130, 0), (130, 0, 80),
                (80, 0, 130), (0, 130, 80), (0, 80, 130),
                (110, 100, 0), (100, 110, 0), (0, 110, 100),
                (0, 100, 100), (110, 0, 100), (100, 0, 110),
                (255, 255, 255)]
    if ind < len(colors):
        c = colors[ind]
    else:
        c = (ind % 4 * 4, ind % 8 * 8, ind % 16 * 16)
    if max(c) < 210:
        c0 = c[0] + level
        c1 = c[1] + level
        c2 = c[2] + level
        return (c0, c1, c2)
    else:
        return c
```

接下来，我们来实现画图函数。为了避免多个参数的反复传递，在上面代码的基础上进行优化，将牛顿法的定义写在 draw 函数中。

```
    def draw(f, df, size, name, x_min=-2.0, x_max=2.0, y_min=-2.0,
y_max=2.0, eps=1e-6, max_iter=40):
        '''
        f 是一个函数，我们需要求解方程 f(x) = 0
        df 是 f 的导数
        size 是图片大小，单位是 px
        name 是保存图像的名字
        x_min, x_max, y_min, y_max 定义了迭代初始值的取值范围
        eps 是判断迭代停止的条件
        '''
        def newton_method(c):
            #c 是一个复数
            for i in range(max_iter):
                c2 = c - f(c) / df(c)
```

```python
            if abs(f(c)) > 1e10:
                return None, None
            if abs(c2 - c) < eps:
                return c2, i
            c = c2

        return None, None

    roots = []                                      # 记录所有根
    img = Image.new("RGB", (size, size))   # 把绘画结果保存为图片
    for x in range(size):
        print("%d in %d" % (x, size))
        for y in range(size):
                            # 嵌套循环，遍历定义域中每个点，求收敛的根
            z_x = x * (x_max - x_min) / (size - 1) + x_min
            z_y = y * (y_max - y_min) / (size - 1) + y_min
            root, n_converge = newton_method(complex(z_x, z_y))
            if root:
                cached_root = False
                for r in roots:
                    if abs(r - root) < 1e-4:
                        # 判断是不是已遇到过此根
                        root = r
                        cached_root = True
                        break
                if not cached_root:
                    roots.append(root)

            if root:
                img.putpixel((x, y), color(roots.index(root), n_converge))                                 # 上色
    print(roots)                                    # 打印所有根
    img.save(name, "PNG")                           # 保存图片
```

最后，使用下面的代码即可完成求解方程 $x^3-1=0$ 的牛顿分形图绘制。

```
def f(x):
    return x ** 3 - 1
def df(x):
    return 3 * x * x
draw(f, df, 1000, "x^3-1.png")
```

类似地，可以得到其他函数的牛顿分形图。如图 7-18 所示的是使用牛顿法求解方程 $x^5-1=0$ 时产生的分形图。

图 7-18　牛顿分形图（$x^5-1=0$）

【问题 7-2】　请在上述代码的基础上修改参数，输出 $x^6-1=0$ 时的牛顿迭代分形图。

"本单元介绍的分形算法，呈现了我们周围世界中普遍存在的自我相似、自我复制和自我嵌套的规律。Koch 曲线、分形树等图形的绘制，不仅展示了数学之美，也揭示了世界的本质，改变了人们理解自然奥秘的方式。

从 Python 编程实现角度来看，迭代和递归是实现分形算法的重要方法，希望同学们能够在分形算法的编程实践中总结编程的技巧与规律。千里之行，始于足下，揭示大自然的奥秘，让我们从一片雪花开始吧！"

习 题

1. 分形几何所处理的形状最为根本的特征是（　　）。
    A. 属于自然的而不是人造的　　　B. 形状的不规则
    C. 连续和平滑　　　　　　　　　D. 自相似性

2. 分形 (fractal) 通常被定义为"一个粗糙或零碎的几何形状，可以分成数个部分，且每一部分都（至少近似地）是整体缩小后的形状"，其性质为（　　）。
    A. 自相似　　　B. 关联　　　C. 包含　　　D. 嵌套

3. 以下说法错误的是（　　）。
    A. Koch 曲线又称雪花曲线
    B. Koch 曲线是一种典型的分形曲线
    C. Koch 曲线是一条连续的回线，永远不会自我相交
    D. Koch 曲线并不是无限长的

4. 以下说法错误的是（　　）。
    A. 牛顿迭代法又叫"牛顿 - 拉弗森方法"
    B. 牛顿迭代算法仅能用于求解非线性方程（组），无法用来绘图
    C. 牛顿迭代法具有较快的收敛速度
    D. 牛顿迭代法求解方程得到的只是近似值，不是准确值

5. 以下说法错误的是（　　）。
    A. 分形树就是指二叉树
    B. 分形树能够使用递归实现是因为其结构具有明显的自相似性
    C. 分形树的绘制体现了将复杂问题逐层分解为简单问题的工程学思想
    D. 分形树算法可以用于绘制三叉树

8.1 认识聚类

"同学们,我们今天开始学习聚类算法了噢。什么叫聚类呢?"

"老师,是不是把相同类型的东西聚集到一起?"

"基本上可以这么理解,具体上还是有些不同。让我先给大家举个'栗子'吧!"

同学们在上体育课排队的时候,体育老师会说这样的话:

"请女同学站左边,男同学站右边。"

  然后,男同学和女同学就自然地聚集在一起排好队形。在排队过程中,按照性别将男生和女生做一个划分,并使他们聚集在一起。像这样将同一类型的人或物通过某一种方法进行分类并聚集的过程,在机器学习中叫作聚类。

  又比如还是上体育课,如果老师这样说:"请高个子站两排,矮个子站两排"。那同学们就会乱成一团了。为什么呢?因为这里的高个子和矮个子并没有明显的特征,到底多高能算高个子,多矮算矮个子呢?这个问题是比较模糊的,谁也不清楚。在这种情况下,我们只能通过数学方法去解决这个问题,比如老师规定男生身高在 1.75m 以上以及女生在 1.65m 以上的算高个子,那么同学们就会按照这个"方法"或"标准"去排队了。

第8单元 聚类算法

"原来聚类就是将同一类东西聚集在一起哦！那我可是聚类小能手噢！"

"所以啊，聚类首先要有进行分类的对象，然后是将相似的对象按照某一个或某几个'标准'进行分类和聚集，这就是进行聚类的两个前提条件。"

总的来说：聚类是把相似的对象通过属性的不同而进行分类的方法，从而能将相似对象分成不同的组别或者更多的子集（subset），这样让在同一个子集中的成员对象都有相似的一些属性。

聚类算法是研究相似对象分类问题的一种统计分析方法，同时也是数据挖掘、机器学习的一个重要算法。它被广泛应用于工业、商业，以及各类体育运动的各种数据统计与分析中。

聚类分析起源于分类学，在古老的分类学中，人们主要依靠经验和专业知识来实现分类，很少利用数学工具进行定量的分类。例如，生物分类中以生物形态为标准。秦汉时期，根据《尔雅》中的记载，通过《释草》《释木》《释虫》《释鱼》《释鸟》《释兽》《释畜》七篇将生物分为草、木、虫、鱼、鸟、兽、畜七类。还进一步对动物分类进行定义，如"二足而羽谓之禽，四足而毛谓之兽"。

有趣的是《尔雅》中不仅记载了名字不一样的物种，还记载了同一物种之下的品种之别，例如，在《释畜》中，详细地记载了各种不同的马。如以马的四足白色与否进行定义有如下划分：马膝以上全白的马，称为"騳"；马膝以下全白的马，称为"驓"；四马蹄全白的马，称为"騚"；前二足全白的马，称为"騱"；后二足全白的马，称为"驹"；四足之中只有右前足白色的马，称为"启"；等等。

随着人类科学技术的发展，对分类的要求越来越高，以致有时仅凭经验和专业知识难以确切地进行分类，于是人们逐渐地把数学工具引用到了分类学中，形成了数值分类学，之后又将多元分析的技术引入到数值分类学形成了聚类分析。聚类分析内容非常丰富，有系统聚类法、有序样品聚类法、动态聚类法、模糊聚类法、图论聚类法、聚类预报法等。

在 Python 编程过程中，所遇到的聚类问题通常是比较复杂的。例如，对不同种类的鸢尾花进行聚类，这个时候就需要使用一些专业的数学知识来解决这种聚类问题。

8.2 鸢尾花分类

1. 鸢尾花分类聚类的经典分类案例分析

 知识小充电：鸢尾花及其分类介绍

鸢尾花大而美丽，叶片青翠碧绿，观赏价值很高。很多种类供庭园观赏用，在园林中可用作布置花坛，栽植于水湿畦地、池边湖畔，或布置成鸢尾专类花园，亦可用作切花及地被植物，是一种重要的庭园植物。

鸢尾花遍布于全世界的温带地区，共有三百余个品种。在中国，鸢尾花也是园林设计及庭院种植的一种主要花卉，主要有 60 个品种，在我国西南、西北及东北均有分布。

图 8-1 是不同地域不同种类的鸢尾花，从图 8-1 中可以看出，不同地域的鸢尾花有着不同的颜色和形态。对于如此多品种的鸢尾花，除非是鸢尾花方面的专家，普通人是很难进行精确分辨的。

图 8-1　不同种类的鸢尾花

根据专家多年的经验发现，鸢尾花种类在花萼长度、花萼宽度、花瓣长度、花瓣宽度（多元属性）等四个属性上有细微的差别，可凭这几个属性来分辨鸢尾花的不同品种。

"那么,对于没有专家经验的普通人而言,如何通过计算机和算法来实现鸢尾花种类的辨别,就是我们接下来需要解决的问题。"

2. 鸢尾花分类原理

通过对自然界鸢尾花种类的认识,我们知道专家之所以能够分辨不同种类的鸢尾花,是因为他们在对成千上万株鸢尾花进行分析和辨别的过程中积累了丰富的经验。专家经验中提及的"四种鸢尾花属性特征",相当于为我们建立了一个比较全面的知识库。这个知识库对每一种鸢尾花建立了一个分类,当有新的鸢尾花出现时,专家会通过鸢尾花的花萼长度、花萼宽度、花瓣长度、花瓣宽度等四个属性进行辨别,从而准确判断出它属于哪个类别。

因此,要通过编程的方法来识别和分辨鸢尾花,首先要设置一个可供聚类的属性划分,通过对属性不同的划分进行聚类,聚类过程中的变化达到一定的要求时,可认为分类成功。下面我们利用几种基本的分类方法来跟大家介绍如何实现聚类。

8.3 分散性聚类算法(K-means)

1. K-means 聚类算法介绍

K-means 聚类算法是一种基于向量距离作为相似性评价指标的算法。其基本原理是指定 K 个向量(被称为类簇)作为聚类的初始中心,计算其余聚类数据(或对象)与类簇的距离,对象离哪个向量最近则视为对象与其相似度就越大,并判别为同一簇。

"老师,这样说我还是有点不太明白,能不能讲得更明白一点?"

"好的,那我们进入正题!下面我给大家介绍 K-means 聚类算法的过程。"

2. K-means 聚类算法步骤

K-means 聚类算法主要有如下几个过程。

(1)当获取数据集后,我们需要指定一个 K 值,明确想要将数据划分成几类。如果希望把数据分成两类,这时 K 值就是 2,但是,如果数据集比较复杂,K 值就难以确定,需要通过实验进行对比分析。

(2)假定划分成两类,此时就需要随机初始化两个坐标点,将其作为每个类别的中心点(又称质心,通常为数据各个维度的均值坐标点),如图 8-2 所示。

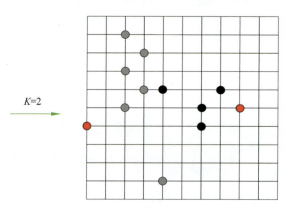

图 8-2　确定 K 值并随机选取质心

(3)两个中心点选定后,接下来需要对所有数据样本进行遍历,决定每个数据样本的类别归属。具体做法为:分别计算每个数据点到两个中心点的距离,然后将其划分到距离较近的中心点所代表的类别中,如图 8-3 所示。距离值可以自己定义,一般情况下使用欧氏距离。

(4)在每一个数据都有各自的归属后,再次计算更新两个类各自的中心点。做法很简单:分别对不同归属的样本数据计算其中心位置,得到的计算结果变成新的中心点,如图 8-4 所示。

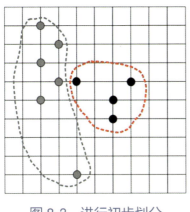
图 8-3 进行初步划分

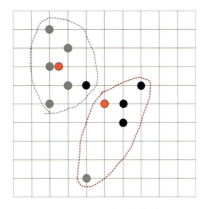
图 8-4 更新中心点

（5）更新中心点后，数据所属的类别也会随之变化，此时再根据新的数据进行中心位置计算，再次更新中心点。数据所属有变化，则该数据集的中心点也会有变化，因此需要依次进行不断迭代。当中心点不再变动时，就完成了K-means 的运算过程，最终也就确定了不同数据所属的数据集，如图 8-5 所示。

具体算法流程图如图 8-6 所示。

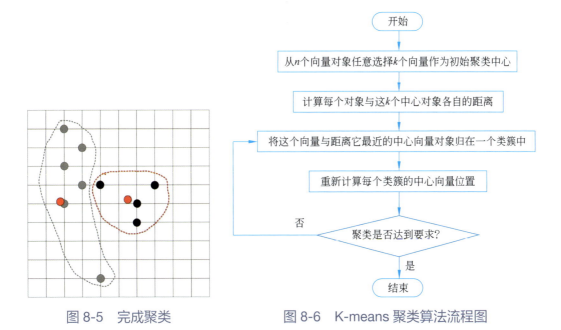

图 8-5 完成聚类　　　　图 8-6 K-means 聚类算法流程图

3. K-means 聚类算法主要函数及参数介绍

在使用 K-means 聚类算法实现鸢尾花分类过程中，KMeans 函数是用来实现鸢尾花聚类的主要函数，其基本语法格式为：

```
KMeans(n_clusters=N, n_init=10, max_iter=300, tol=1e-4,
precompute_distances='deprecated')
```

KMeans 函数常用的参数及其说明如表 8-1 所示。

表 8-1　KMeans 函数常用的参数及说明

参 数 名 称	说　　明
n_clusters	整型数据，设置聚类过程中要将数据分成的簇数也是要生成的分类数，N 表示分成 N 类
n_init	整型数据，设置选择 N 个分类向量次数，默认为 10 次。返回 N 个分类最好的一次结果（最好是指计算时间长短）
max_iter	整型数据，设置每次迭代最大次数，默认值为 300 次
tol	浮点型数据，设置容忍的最小误差，默认值为 1e-4。当误差小于 tol 就会退出迭代（算法中会依赖数据本身）
precompute_distances	布尔型，设置是否需要预先计算距离

4. 使用 K-means 聚类算法实现鸢尾花聚类

假设我们事先收集了山鸢尾、杂色鸢尾、维吉尼亚鸢尾 3 种鸢尾花样本，样本数为 150 个，分别采集了鸢尾花的花萼长度(sepal length)、花萼宽度(sepal width)、花瓣长度（ petal length ）、花瓣宽度（ petal width ）等四个属性的数据。样本存放在根目录下名为 iris_data.csv 的文件中。现在我们通过 K-means 聚类算法实现对这三个鸢尾花的数据采集。相关程序代码如下。

```
import matplotlib.pyplot as plt
from sklearn.cluster import KMeans
import pandas as pd
plt.rcParams['font.family'] = 'SimHei'   # 设置字体
data = pd.read_csv('./iris_data.csv')
# 表示我们只取特征空间中的后两个维度
X = data.drop(['sepal width', 'sepal length', 'target',
'label'], axis=1)
print(type(X))
print(X.shape)
print(X)
# print(X.values[:, 0])
```

```python
# print(X.values[:, 1])
# 绘制原始数据分布图；
# X.values[:, 0] 为 petal length 花瓣长度的所有数据作为图中 x 坐标
# X.values[:, 1] 为 petal width  花瓣宽度的所有数据作为图中 y 坐标
plt.scatter(X.values[:, 0], X.values[:, 1], c="red", marker='o', label='See')
plt.title(' 数据原始分布 ')
plt.xlabel('petal length')
plt.ylabel('petal width')
plt.legend(loc=2)     # 图例分布在左上角
plt.show()            # 展示数据原始分布
# 构造聚类器
# n_clusters=3 为选择聚类数为 3 种，因为当前样本里面目前是 3 种
# max_iter: 整型，默认值为 300，执行一次 K-means 算法所进行的最大迭代数
# n_init: 整形，默认值为 10，用不同的质心初始化值运行算法的次数，最终解
# 是在 inertia 意义下选出的最优结果
# tol: float 型，默认值为 1e-4，与 inertia 结合来确定收敛条件
# precompute_distances, 不需要提前计算距离
estimator = KMeans(n_clusters=3, n_init=10, max_iter=300, tol=1e-4, precompute_distances='deprecated')
estimator.fit(X.values)           # 获得聚类
label_pred = estimator.labels_    # 获取聚类标签
# 绘制 K-means 结果
x0 = X[label_pred == 0]
x1 = X[label_pred == 1]
x2 = X[label_pred == 2]
plt.scatter(x0.values[:, 0], x0.values[:, 1], c="red", marker='o', label=' 山鸢尾 ')
plt.scatter(x1.values[:, 0], x1.values[:, 1], c="green", marker='*', label=' 杂色鸢尾 ')
plt.scatter(x2.values[:, 0], x2.values[:, 1], c="blue", marker='+', label=' 维吉尼亚鸢尾 ')
plt.title(' 层次聚类分布 ')
plt.xlabel(' 花瓣长度 ')
plt.ylabel(' 花瓣宽度 ')
```

```
plt.legend(loc=2)
plt.show()
```

"老师,我终于弄明白了!"

"注意:在运行此程序前需要做一些准备工作。"

导入所需要的库:

from sklearn.cluster import KMeans 用于导入所需要的 KMeans 聚类方法库。同样的道理,如果需要其他的聚类方法,导入相应的库即可。

import pandas as pd 用于导入数据处理所需要的包,pandas 是一个强大的数据处理库。在进行数据处理时,使用较多的就是 pandas 和 numpy 库了。

import matplotlib.pyplot as plt 用于导入可视化工具库,即 matlab 库,它能够以图形的方式向我们展示数据的分布与特点,并能够直观地验证是否是我们想要的结果。

图 8-7 是程序运行后的聚类结果。

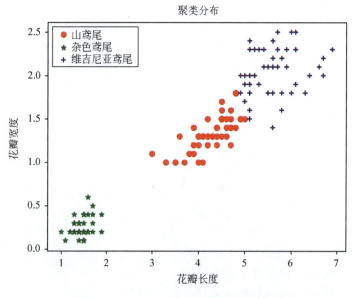

图 8-7　KMeans 聚类程序运行结果

【问题 8-1】 请大家思考一下,从图 8-7 的结果中可以看出,杂色鸢尾在分类中很明显,而山鸢尾和维吉尼亚鸢尾分类不是很明显,这说明了什么问题?如果需要解决,我们该怎么做?

【问题 8-2】 根据下列代码,进行 K-means 算法分类的小练习。

```
data = pd.read_csv('./花岗岩.CSV')
X = data
print(X)
estimator = KMeans(n_clusters=3, n_init=20, max_iter=300, tol=1e-4)
estimator.fit(X.values)          # 获得聚类
label_pred = estimator.labels_   # 获取聚类标签
print("........................")
x0 = X[label_pred == 0]
x1 = X[label_pred == 1]
x2 = X[label_pred == 2]
print(" 标签 1")
print(x0)
print("........................")
print(" 标签 2")
print(x1)
print("........................")
print(" 标签 3")
print(x2)
```

8.4 基于层次的聚类算法（AGNES）

1. AGNES 聚类算法介绍

层次聚类算法（AGNES）是通过计算样本之间的距离来实现聚类的方法。其原理是先将每一个点视为类簇，在每次距离计算过程中将距离最近的点合并到同一个类。然后，再计算类与类之间的距离，将距离最近的类合并为一个大类。不停地合并，直到合成一个类。其中，类与类的距离的计算方法有：最短距离法、最长距离法、中间距离法、类平均法等。例如，最短距离法，是将类与类的距离定义为类与类之间样本的最短距离。

2. AGNES 聚类算法步骤

层次聚类的算法策略是先将每个样本对象视为一个类簇，然后计算每一个点与其他点的距离，并将与这个点最近的点进行合并。通过这些原子簇合并为越来越大的簇，直到所有样本对象都在一个簇中，或者某个终结条件被满足（一般是给定聚类成几类）。这里给出采用最小距离的层次聚类算法流程。

（1）将每个对象看作一类，计算两两之间的最小距离。
（2）将距离最小的两个类合并成一个新类。
（3）重新计算新类与所有类之间的距离。
（4）重复（2）、（3），直到所有类最后合并成一类，或达到聚类要求。

3. AGNES 聚类算法主要函数及参数介绍

在使用 AGNES 聚类算法实现鸢尾花分类的过程中，Agglomerative Clustering 函数是用来实现鸢尾花聚类的主要函数，其基本语法格式为：

```
AgglomerativeClustering(n_clusters=2, *, affinity='euclidean',
                memory=None, connectivity=None, compute_
                full_tree='auto', linkage='ward')
```

AgglomerativeClustering 函数常用的参数及其说明如表 8-2 所示。

表 8-2　AgglomerativeClustering 函数常用的参数及说明

参 数 名 称	说　　明
`n_clusters`	整型数据，该参数是指需要聚类的分类数，为必选参数
`affinity`	字符串型数据，用于计算距离。可以为 `'euclidean'`、`'l1'`、`'l2'`、`'mantattan'`、`'cosine'`、`'precomputed'`，如果 `linkage='ward'`，则 `affinity` 必须为 `'euclidean'`，为可选参数
`memory`	用于缓存输出的结果，默认为不缓存，为可选参数
`connectivity`	数组，可以是一个数组或者可调用对象或者 `None`，用于指定连接矩阵，为可选参数
`compute_full_tree`	通常当训练了 `n_clusters` 后，训练过程就会停止，但是如果 `compute_full_tree=True`，则会继续训练从而生成一棵完整的树，为可选参数
`linkage`	字符串型数据，该参数是指使用哪种链接标准（`ward`, `complete`, `average`, `single`）。链接标准确定观察组之间使用的距离。该算法将合并最小化该标准的簇对。各链接标准的含义为：`ward` 最小化被合并的集群的方差；`average` 平均值使用两组每次观察的平均距离；`complete` 完整或最大连锁使用两组中所有观测值之间的最大距离；`single` 使用两组所有观测值之间的最小距离，为必选参数

4. 使用 AGNES 聚类算法实现鸢尾花聚类

我们将采用上一节的样本数据作为本次使用的数据。样本存放在根目录下名为 iris_data.csv 的文件中。通过 AGNES 聚类算法实现对这三个鸢尾花的数据采集。相关程序代码如下。

```
from sklearn.cluster import AgglomerativeClustering
import matplotlib.pyplot as plt
import pandas as pd
plt.rcParams['font.family'] = 'SimHei'   # 设置字体
data = pd.read_csv('./iris_data.csv')
#print(data)
# 表示我们只取特征空间中的后两个维度
```

```
    X = data.drop(['sepal width', 'sepal length', 'target', 'label'], axis=1)
    # 绘制原始数据分布图
    #X.values[:, 0]为petal length,花瓣长度的所有数据作为图中x坐标
    #X.values[:, 1]为petal width,花瓣宽度的所有数据作为图中y坐标
    plt.scatter(X.values[:, 0], X.values[:, 1], c="red", marker='o', label='See')
    plt.title(' 数据原始分布 ')
    plt.xlabel('petal length')
    plt.ylabel('petal width')
    plt.legend(loc=2)       # 图例分布在左上角
    plt.show()              # 展示数据原始分布
    #n_clusters 为要查找的集群数
    #link link : {"ward", "complete", "average", "single"},可选（默认="病房"）
    # 使用哪种链接标准。链接标准确定观察组之间使用的距离。该算法将合并最小化
    # 该标准的簇对
    #ward 最小化被合并的集群的方差
    #average 平均值使用两组每次观察的平均距离
    #complete 完整或最大连锁使用两组中所有观测值之间的最大距离
    #single 使用两组所有观测值之间的最小距离
    clustering = AgglomerativeClustering(linkage='ward', n_clusters=3)
    # 建立模型，这里使用的是'ward',具体情况具体分析,效果最差的是single
    res = clustering.fit(X.values)   # 获得聚类
    print(" 各个簇的样本数目: ")
    print(pd.Series(clustering.labels_).value_counts())
    print(" 聚类结果: ", clustering.labels_)
    # 绘制结果
    x0 = X[clustering.labels_ == 0]
    x1 = X[clustering.labels_ == 1]
    x2 = X[clustering.labels_ == 2]
    plt.scatter(x0.values[:, 0], x0.values[:, 1], c="red", marker='o', label=' 山鸢尾 ')
    plt.scatter(x1.values[:, 0], x1.values[:, 1], c="green", marker='*', label=' 杂色鸢尾 ')
```

```
    plt.scatter(x2.values[:, 0], x2.values[:, 1], c="blue",
marker='+', label=' 维吉尼亚鸢尾 ')
    plt.title(' 层次聚类分布 ')
    plt.xlabel(' 花瓣长度 ')
    plt.ylabel(' 花瓣宽度 ')
    plt.legend(loc=2)
    plt.show()
```

图 8-8 是程序运行后的聚类结果。

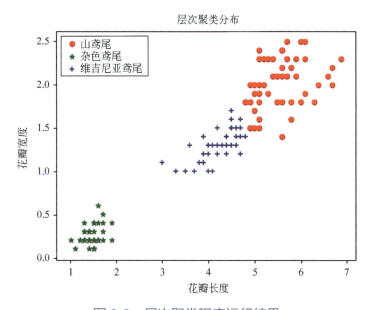

图 8-8　层次聚类程序运行结果

从图 8-8 的结果中可以发现，层次聚类算法与 K-means 聚类算法基本上一样，将鸢尾花分成三类。不过同学们是否能看出使用层次聚类算法（AGNES）与 K-means 聚类算法在结果上的细微差别？

使用层次聚类算法（AGNES）的优点是它不需要预先指定聚类数，其距离和规则的相似度容易定义，限制少，并容易发现类的层次关系。缺点是计算复杂度高，算法很容易聚类成链状。

【问题 8-3】　根据下列代码，进行层次聚类算法分类的小练习。

```
clustering = AgglomerativeClustering(linkage='ward', n_clusters=3)
# 建立模型，这里使用的是 'ward'，具体情况具体分析，效果最差的是 single
res = clustering.fit(X.values)          # 获得聚类
#print(pd.Series(clustering.labels_).value_counts())
# 获取标签
x3 = X[clustering.labels_ == 0]
x4 = X[clustering.labels_ == 1]
x5 = X[clustering.labels_ == 2]
print("........................")
print(x3)
print("........................")
print(x4)
print("........................")
print(x5)
```

8.5 基于密度的聚类算法（DBSCAN）

1. DBSCAN 聚类算法介绍

DBSCAN 是一种基于密度的聚类方法。该算法基于样本密度来考虑样本之间的可连接性，然后基于可连接样本不断扩展聚类的簇来实现聚类的目的。

首先明确 DBSCAN 的相关概念。

eps 邻域：以数据点 o 为圆心，以 eps 为半径画一个圆圈，这个圆圈被称为 o 的 eps 邻域。

核心对象：对于数据点 o，在 o 的 eps 邻域内至少包含 MintPts 个数据点，则称该数据点为核心对象。

直接密度可达：以数据点 o 为例，在数据点 o 的 eps 邻域内的所有点都是数据点 o 的直接密度可达。

密度可达：如果存在一个数据链 $p_1, p_2, \cdots, p_n$，$p_1=q$，$p_n=p$，p_i 是大于 0 的整数，p_{i+1} 是从 p_i 关于 eps 邻域和 MinPts 直接密度可达的，则称 q 到 p 密度可达，如图 8-9 所示。

密度相连：如果一个数据组中存在一个数据点 o，使得数据点 p 和数据点 q 是关于 eps 邻域和 MinPts 密度可达的，那么数据点 q 和数据点 p 是关于 eps 邻域和 MinPts 密度相连的，如图 8-10 所示。

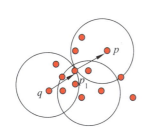

图 8-9　密度聚类密度可达原理

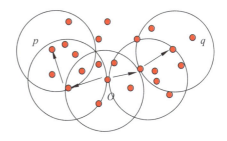

图 8-10　密度聚类密度相连原理

从图 8-11 中就可以很容易地对密度直达、密度可达、密度相连的定义进行理解。

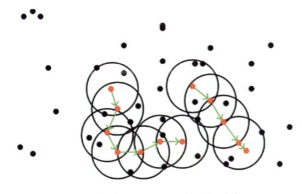

图 8-11　密度直达、可达、相连与原理

如图 8-11 所示，假设规定 Mints=5，那么红点的 eps 邻域内数据点个数均不小于 5，也就是说，红点均是核心对象，黑色样本为非核心对象；图中用绿色箭头连起来的核心对象组成了密度可达的样本序列；在这些密度可达的样本序列的 eps 邻域内所有的样本相互都是密度相连的。

DBSCAN 聚类算法的原理为：选择任意一个没有类别的核心对象，然后找到这个核心对象所有能够密度可达所有数据点，这样就得到了一个聚类类别，接着选择另一个没有类别的核心对象去寻找密度可达的所有数据点，这样就得到了另一个聚类类别，一直运行直到所有的核心对象都有类别为止。

2. DBSCAN 聚类算法步骤

DBSCAN 聚类算法主要有如下几个操作步骤。

（1）输入数据集。

（2）计算每个点与其他所有点之间的欧几里得距离。

（3）计算每个点的 K- 距离值，并对所有点的 K- 距离集合进行升序排序，输出排序后的 K- 距离值，将所有点的 K- 距离值绘制在 Excel 中，用散点图显示 K- 距离变化趋势。

（4）根据散点图确定半径 eps 的值，根据给定 MinPts，以及半径 eps 的值，计算所有核心点，并建立核心点与到核心点距离小于半径 eps 的点的映射。

（5）根据得到的核心点集合，以及半径 eps 的值，计算能够连通的核心点，并得到离群点。

（6）将能够连通的每一组核心点，以及到核心点距离小于半径 eps 的点，都放到一起，形成一个簇。

3. DBSCAN 聚类算法主要函数及参数介绍

在使用 DBSCAN 聚类算法实现鸢尾花分类过程中，DBSCAN 函数是用来实现鸢尾花聚类的主要函数，其基本语法格式为：

```
DBSCAN(eps=0.5, *, min_samples=5, metric='euclidean', metric_params=None, algorithm='auto', leaf_size=30, p=None, n_jobs=None)
```

DBSCAN 函数常用的参数及其说明如表 8-3 所示。

表 8-3　DBSCAN 函数常用的参数及其说明

参 数 名 称	说　　明
eps	浮点型数据，两个样本之间的最大距离，为可选参数
min_samples	整型数据，被视为核心点的点，邻域中的样本数（或总权重），包括点本身，为可选参数，默认为 5
metric	距离公式，默认为欧氏距离，是字符串型数据，计算数组中实例之间距离时使用的度量标准。如果度量是"预先计算的"，则假定 X 是距离矩阵，并且必须为正方形。X 可以是稀疏矩阵，在这种情况下，只有"非零"元素可以被认为是 DBSCAN 的邻居，为可选参数
metric_params	度量函数的其他关键字参数，为可选参数

续表

参 数 名 称	说　　明
algorithm	NearestNeighbors 模块用于计算逐点距离并找到最近邻居的算法，默认为"auto"
leaf_size	整型数据，叶子大小传递给 ball_tree 或 kd_tree，用来配合这两种算法
p	浮点型数据，用于计算点之间距离的 Minkowski 度量的功效，默认为 None，相当于欧氏距离
n_jobs	整型数据，表示要运行的并行作业的数量。默认为 None，相当于是"1"，"-1"表示用所有的处理器

4. 使用 DBSCAN 聚类算法实现鸢尾花聚类

我们将采用上一节的样本数据作为本次使用的数据。样本存放在根目录下名为 iris_data.csv 的文件中。通过 DBSCAN 聚类算法实现对这三个鸢尾花的数据采集。相关程序代码如下。

```
plt.rcParams['font.family'] = 'SimHei'    # 设置字体
data = pd.read_csv('./iris_data.csv')     # 读取文件里的数据
# 表示只取特征空间中的后两个维度
X = data.drop(['sepal width', 'sepal length', 'target', 'label'], axis=1)
# 绘制原始数据分布图
#X.values[:, 0] 为 petal length, 花瓣长度的所有数据作为图中 x 坐标
#X.values[:, 1] 为 petal width, 花瓣宽度的所有数据作为图中 y 坐标
plt.scatter(X.values[:, 0], X.values[:, 1], c="red", marker='o', label='See')
plt.title(' 数据原始分布 ')
plt.xlabel('petal length')
plt.ylabel('petal width')
plt.legend(loc=2)                          # 图例分布在左上角
plt.show()                                 # 展示数据原始分布
# eps 邻域：给定对象半径 eps 内的邻域称为该对象的 eps 邻域
# min_samples 最小样本数，因为已经知道鸢尾花有 3 种，用的是它的两倍，多
# 一点比较可靠
```

```
dbscan = DBSCAN(eps=0.4, min_samples=2)   # 建立密度聚类模型
dbscan.fit(X)    # 获得聚类,调用类中的方法 fit() 来计算
label_pred = dbscan.labels_   # 计算完成获得聚类结果即标签,可以使用
                              # print 来看看 dbscan.labels_
# 绘制 DBSCAN 结果
x0 = X[label_pred == 0]
x1 = X[label_pred == 1]
x2 = X[label_pred == 2]
plt.scatter(x0.values[:, 0], x0.values[:, 1], c="red", marker='o', label='label0')
plt.scatter(x1.values[:, 0], x1.values[:, 1], c="green", marker='*', label='label1')
plt.scatter(x2.values[:, 0], x2.values[:, 1], c="blue", marker='+', label='label2')
plt.title('密度聚类分布')
plt.xlabel('sepal length')
plt.ylabel('sepal width')
plt.legend(loc=2)
plt.show()
```

图 8-12 是程序运行后的聚类结果。

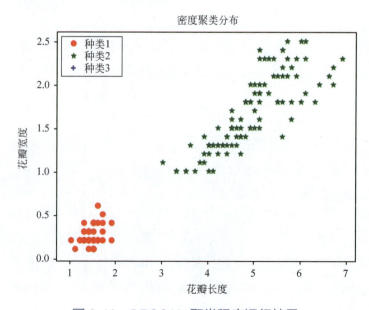

图 8-12　DBSCAN 聚类程序运行结果

从图 8-12 可以发现，相比于之前所学的层次聚类算法与 K-means 聚类算法的运行结果，DBSCAN 聚类算法的运行结果效果较差，这是为什么呢？

这和 DBSCAN 聚类算法的特点有关。DBSCAN 聚类算法具有如下的优缺点。

优点：

DBSCAN 聚类算法可以对任意形状的稠密数据进行聚集，相对地，K-means 聚类算法只适用于凸数据；可以在聚类的同时发现异常点；聚类结果没有偏倚。

缺点：

样本密度不均匀、聚类间距差相差很大时，效果较差；需要对主要参数 eps、邻域样本阈值 MinPts 联合调参，不同的参数组合对最后的聚类效果影响较大。

【问题 8-4】 根据下列代码，进行层次聚类算法分类的小练习。

```
dbscan = DBSCAN(eps=0.5, min_samples=2)    # 建立密度聚类模型
dbscan.fit(X)        # 获得聚类,调用类中的方法 fit() 来计算
label_pred = dbscan.labels_   # 计算完成获得聚类结果即标签,可以使用
                              # print 来看看 dbscan.labels_
print(pd.Series(dbscan.labels_).value_counts())
x6 = X[label_pred == 0]
x7 = X[label_pred == 1]
x8 = X[label_pred == -1]
print("........................")
print(x6)
print("........................")
print(x7)
print("........................")
print(x8)
```

"温故而知新,在本单元学习完成之后,让我们总结一下所学的知识吧。

本单元采用鸢尾花分类的经典案例,引入聚类算法的概念,重点介绍分散性聚类算法(K-means)、层次聚类算法(AGNES)、密度聚类算法(DBSCAN)三种基本的聚类算法,引领大家初步了解机器学习。

本单元借助 Python 强大的第三方库,分别介绍了鸢尾花分类问题的分散性聚类、层次聚类、密度聚类算法实现。其中有些深奥的数学理论对于青少年而言也许目前还很难理解,但这并不影响通过 Python 编程来实现它。也许你对人工智能和机器学习的驾驭,就从一朵美丽的鸢尾花开始了。"

习 题

1. 在机器学习的学习方式中,聚类的学习方式为(   )。
   A. 监督学习　　　B. 无监督学习　　C. 强化学习　　　D. 半监督学习
2. 在使用聚类算法过程中,下列不是常用的度量方法的是(   )。
   A. 欧氏距离($P=2$)　　　　　　B. 曼哈顿距离
   C. 切比雪夫距离　　　　　　　　D. 兰氏距离
3. 在进行聚类分析之前,如果给出少于所需数据的数据点,下面最适合用于数据清理的方法是(   )。
   ① 限制和增加变量
   ② 去除异常值
   　　A. ①　　　　　　B. ②　　　　　　C. ①和②　　　　D. 都不能
4. 执行聚类时,最少要有的变量或者属性个数为(   )。
   　　A. 0　　　　　　B. 1　　　　　　C. 2　　　　　　D. 3
5. 以下算法中对离群值最敏感的是(   )。
   A. K 均值聚类算法　　　　　　　B. K 中位数聚类算法
   C. K 模型聚类算法　　　　　　　D. K 中心点聚类算法

6. 以下可以处理非高斯数据的算法是（　　　）。
   A. K-means 算法　　　　　　　　B. EM 算法
   C. 谱聚类算法　　　　　　　　　D. 基于密度型聚类算法
7. 无监督学习可以应用于（　　　）。
   A. 图像压缩　　　　　　　　　　B. 客户细分（分组）
   C. 生物信息学：学习基因组　　　D. 根据学习时间预测成绩

第 9 单元　预测算法

　　50 年后，地球上将有多少人口；100 年后，海平面将上升多少米……通过对现有数据的分析、对某类信号的研究获得对未来的预判，这是人类由来已久的冲动。在古代，人类就懂得了通过观察自然、记录天象等方法预测未来。而随着大数据和人工智能时代的到来，人们对数据的分析和学习能力有了大幅度的提高，对未来预测的广度、深度和精准度都超越了以往任何时期。而支撑这种能力的核心，就是魅力无穷的预测算法。

9.1　普通线性回归预测算法

1. 线性回归介绍

　　线性回归模型属于经典的统计学模型，该模型的应用场景是根据已知的变量（自变量）来预测某个连续的数值变量（因变量）。从广义上来说，线性回归是回归家族中的一种，也是最简单的一种。

"老师，什么是回归啊？"

"回归的目的就是预测，比如预测一下明天的气温、股票的走势等。回归之所以能够预测，是因为它通过历史数据摸透了数据发展的规律，然后根据规律来预测结果。"

　　图 9-1 给出了预测算法的一个大概的实现过程，同学们可以先了解一下：首先通过大量的历史数据总结出"套路"，然后通过总结的"套路"预测数据。

图 9-1　预测算法基本过程

假设现在有一些数据点，我们用一条直线对这些点进行拟合（该线称为最佳拟合直线），这个拟合过程就称作回归。回归算法是一种比较常用的机器学习算法，用来建立解释变量（自变量 X）和观测值（因变量 Y）之间的关系，如图 9-2 所示。自变量就是主动操作的变量，可以看作因变量的原因，因变量则是由自变量的变化得到的结果，也是我们想要预测的结果。

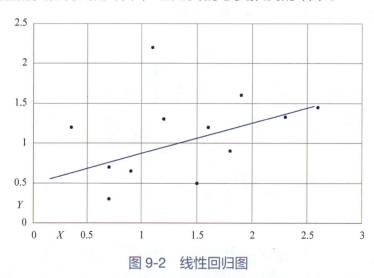

图 9-2　线性回归图

2. 线性回归的数学模型

线性回归模型即通过特征的线性组合来进行预测的函数：

$$h_\omega = \omega_0 + \omega_1 x_1 + \omega_2 x_2 + \cdots + \omega_d x_d$$

$$h_\omega = \mathbf{W}^\mathrm{T}\mathbf{X}$$

其中，$\mathbf{W}$，$\mathbf{X}$ 为矩阵。

此外，我们还需要一个函数来对模型的拟合效果进行评估，这个函数叫作损失函数，记作 $J(w)$：

$$J(w) = \sum_{i=1}^{m}(h_\omega(x_i) - y_i)^2$$

其中，y_i 为第 i 个训练样本的实际值，$h_\omega(x_i)$ 为第 i 个训练样本在模型 h_ω 下的预测值。

为了实现最好的预测效果，我们需要做的就是使损失函数最小。

"请大家注意！本单元中所有的算法实现均以波士顿房价预测作为应用场景，相关测试数据集可从 http://lib.stat.cmu.edu/datasets/boston 下载。"

在讲解具体的算法之前，我们先来准备好程序所需的数据集。

（1）导入数据库。

```
import pandas as pd
import numpy as np
from IPython.core.display_functions import display

data_url = "http://lib.stat.cmu.edu/datasets/boston"
raw_df = pd.read_csv(data_url, sep="\s+", skiprows=22, header=None)
#sep 是分隔符，skiprows 是跳过前 22 行，header=None 是不设置表头
data = np.hstack([raw_df.values[::2, :], raw_df.values[1::2, :2]])    # 将数据合并成一个二维数组
target = raw_df.values[1::2, 2]          # 取出目标值
display(data)                            # 显示数据
print(data.shape)                        # 显示数据的维度
```

（2）创建训练集和测试集。

```
# 创建训练集和测试集
from sklearn.model_selection import train_test_split
X_train, X_test, y_train, y_test = train_test_split(data, target, test_size=0.2, random_state=2)
# 数据标准化
from sklearn.preprocessing import StandardScaler
scaler = StandardScaler()                         # 创建一个标准化对象
X_train = scaler.fit_transform(X_train)           # 标准化训练集
X_test = scaler.transform(X_test)                 # 标准化测试集
```

3. 普通线性回归算法简介

在线性统计模型估计理论与实际应用中，最小二乘法的使用是最基础也是最普遍的。在本节的学习中，将对最小二乘法进行介绍。

在数据分析中，经常会碰到类似这样的问题：假设已知两个变量 x，y 的 m 组实验数据，我们期望从这 m 组数据中找出 x 与 y 之间的近似函数关系解析式，然后通过这个解析式达到某种解释和预测的目的。

一般情况下，我们是在对这些数据进行归纳的基础上，利用数学的方法得到 x 与 y 之间大体上满足的函数关系式。得到的函数关系式是否为最优关系式是需要进行考量的，通常的原则是：使拟合函数在某处的值与实验数值的偏差平方和最小，即取得最小值，这就是所谓的最小二乘法。接下来我们介绍如何使用最小二乘法实现线性回归。

导入线性回归模型，寻找出最佳参数和准确率。

```python
# 导入普通线性回归模型
from sklearn.linear_model import LinearRegression
#LinearRegression 是一个线性回归模型
# 导入寻找最佳参数的函数
from sklearn.model_selection import GridSearchCV
# 创建线性回归模型
lr = LinearRegression()
# 寻找最佳参数
param_grid = {'fit_intercept': [True, False],
              'normalize': [True, False], }
# fit_intercept 代表是否带有截距，normalize=deprecated 表示不使用此参数
# 创建 GridSearchCV 对象
grid_search = GridSearchCV(lr, param_grid, cv=5)
# 寻找最佳参数
grid_search.fit(X_train, y_train)
# 输出最佳参数
print("最佳参数为 ", grid_search.best_params_)    # 输出最佳参数
print("准确率为 ", grid_search.score(X_test, y_test))
# 测试集上的准确率
```

得出最佳参数为:

{'fit_intercept':True, 'normalize':True}
准确率为 0.7789207451814419

现在导入绘图函数,创建四个子图,对我们上面所求到的最佳参数进行测试,得出拟合效果。

```python
# 导入画图函数
import matplotlib.pyplot as plt
# 创建四个子图
fig, axes = plt.subplots(2, 2, figsize=(10, 10))
# axes 是一个二维数组
# 分别画出两两不同参数的线性回归模型的拟合效果
for i in range(2):
    for j in range(2):
        # 创建线性回归模型
        lr = LinearRegression(fit_intercept=param_grid['fit_intercept'][i], normalize=param_grid['normalize'][j])
        # 训练模型
        lr.fit(X_train, y_train)
        # 计算测试集上的准确率
        score = lr.score(X_test, y_test)
        # 画出拟合效果
        axes[i, j].plot(X_test, y_test, 'o', color='yellow')
        axes[i, j].plot(X_test, lr.predict(X_test), 'g-')
        axes[i, j].set_title('fit_intercept=%s, normalize=%s, score=%.2f' %(param_grid['fit_intercept'][i], param_grid['normalize'][j], score))
```

拟合效果如图 9-3 所示。

在有些研究问题中,例如,调查某种疾病的发病率,以地区为观测单位,地区的人数越多,得到的发病率就越稳定,因变量的变异程度就越小,而地区人数越少,得到的发病率就越大。在这种情况下,因变量的变异程度会随着自

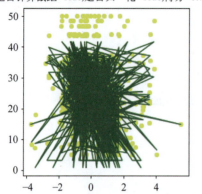
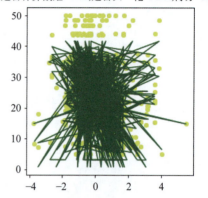
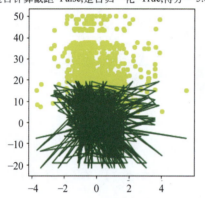
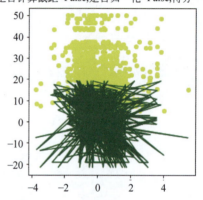

图 9-3 普通线性回归算法程序运行结果图

身数值或者其他变量的变化而变化,从而不满足方差齐性的条件。我们该如何解决呢?

可以采用加权最小二乘法(WLS)的方法来估计模型参数,即在模型拟合时,根据数据变异程度的大小赋予不同的权重,对于变异程度较小、测量更准确的数据赋予较大的权重,对于变异程度较大、测量不稳定的数据则赋予较小的权重,从而使加权后回归直线的残差平方和最小,确保模型有更好的预测价值。

"线性回归是最常用的回归分析,其形式简单,在数据量较大的情况下,使用该方法可以得到较好的学习效果。线性回归在数据量较少的情况下会出现过拟合的现象,ridge、Lasso 可以在一定程度上解决这个问题。"

9.2 岭回归预测算法

岭回归与 Lasso 回归的出现是为了解决线性回归出现的过拟合以及在通过正规方程方法求解的过程中出现的矩阵不可逆问题,这两种回归均通过在损失函数中引入正则化项来达到目的。

在日常机器学习任务中,如果数据集的特征比样本点还多,矩阵会出错。岭回归最先用来处理特征数多于样本数的情况,现在也用于在估计中加入偏差,从而得到更好的估计。这里通过引入 λ 限制了所有 ω 平方之和,通过引入该惩罚项,能够减少不重要的参数,这个技术在统计学上也叫作缩减。和岭回归类似,另一个缩减方法 Lasso 也加入了正则项对回归系数做了限定。

根据 9.1 节内容中所介绍的损失函数 $J(w)$,现在对损失函数进行修改:

$$J(w)=((h\omega(x_i)-y_i)^2+||\omega||)$$

当 $||\omega||=|\omega_1|+|\omega_2|+\cdots+|\omega_n|$ 时,称为 L1 正则化;

当 $||\omega||=\omega_1^2+\omega_2^2+\cdots+\omega_n^2$ 时,称为 L2 正则化。

其中,$||\omega||$ 被称为惩罚因子。

正则化的目的:防止过拟合。

正则化的本质:约束要优化的参数。

图 9-4(a)为 Lasso 回归,图 9-4(b)为岭回归。红色的椭圆和蓝色的区域的切点就是目标函数的最优解,我们可以看到,如果是圆,则很容易切到

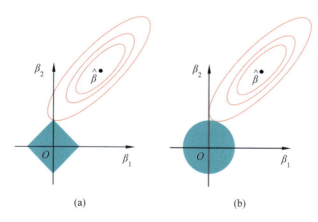

图 9-4 岭回归和 Lasso 回归对比图

圆周的任意一点，但是很难切到坐标轴上，因此没有稀疏；但是如果是菱形或者多边形，则很容易切到坐标轴上，因此很容易产生稀疏的结果。这也说明了为什么 L1 正则化会是稀疏的，同时也解释了为什么 Lasso 可以进行特征选择。岭回归虽然不能进行特征筛选，但是对 ω 的模做约束，使得它的数值会比较小，很大程度上减轻了过拟合的问题。

带有 L2 正则化的称之为岭回归。岭回归是一种专门用于共线性数据分析的有偏估计回归方法，其实质上是改良的最小二乘估计法。通过放弃最小二乘法的无偏性（在反复抽样的情况下，样本均值的集合的期望等于总体均值），以损失部分信息、降低精度为代价获得回归系数更为符合实际、更可靠的回归方法，对共线性问题和病态数据的拟合要强于最小二乘法。

相比于线性回归，岭回归得到的回归系数更符合实际、更可靠；能让参数的波动范围变小，变得更稳定。

现在我们将岭回归模型导入，并且找出最佳参数和准确率。

```python
# 导入岭回归模型
from sklearn.linear_model import Ridge
# 创建岭回归模型
ridge = Ridge()
# 寻找最佳参数
param_grid = {'alpha': [0.1, 1.0, 5.0, 10.0, 15.0],
# 参数范围，alpha 表示岭回归的系数
              'fit_intercept': [True, False],
              'normalize': [True, False]}
# 创建 GridSearchCV 对象
grid_search = GridSearchCV(ridge, param_grid, cv=5)
# 寻找最佳参数
grid_search.fit(X_train, y_train)
# 输出最佳参数
print("最佳参数为 ", grid_search.best_params_)    # 输出最佳参数
print("准确率为 ", grid_search.score(X_test, y_test))
# 测试集上的准确率
```

得出最佳参数为：

{'alpha':5.0, 'fit_intercept':True, 'normalize':False}
准确率为 0.7798077049462085

同样地，我们导入画图函数，创建 20 个子图。

```python
# 导入画图函数
import matplotlib.pyplot as plt
# 创建 20 个子图
ridges = []
scores = []
fig, axes = plt.subplots(4, 5, figsize=(10, 10))
                                                # axes 是一个二维数组
# 调整文字与图片的间距
plt.tight_layout()
for i in range (2):
    for j in range (2):
        for k in range (5):
            ridge = Ridge(alpha = param_grid['alpha'][k], fit_intercept=param_grid['fit_intercept'][i], normalize=param_grid['normalize'][j])
            ridges.append(ridge)
            ridge.fit(X_train, y_train)
            # 计算测试集上的准确率
            score = ridge.score(X_test, y_test)
            scores.append(score)

ridges = np.array(ridges).reshape((4, 5))
scores = np.array(scores).reshape((4, 5))
for i in range(4):
    for j in range(5):
        axes[i, j].plot(X_test, y_test, 'o', color='yellow')
        axes[i, j].plot(X_test, ridges[i][j].predict(X_test), 'g-')
        axes[i, j].set_title("score=%.4f"%(scores[i][j]))
```

拟合结果如图 9-5 所示。

图 9-5 岭回归算法程序运行结果图

通过岭回归来分析和处理数据，有效地避免了多重共线性对于数据的影响，克服了以往使用最小二乘法来进行回归分析所带来的模型失真以及结果与实际背道而驰等诸多问题。岭回归分析是一种专门用于解决多重共线性数据的有偏估计方法，虽然在某种程度上放弃了最小二乘估计的无偏性以及部分精确度，但获得的回归系数更符合实际。

岭回归分析法比传统的回归分析方法更有利于人们在实际分析与研究中的运用。此外,岭回归方法克服了最小二乘法进行回归分析时所带来的模型失真问题,对多重共线性的数据耐受性大于最小二乘法,更适用于实际的数据分析。

9.3　Lasso 回归预测算法

"老师,在预测中,要是有多个因素影响该怎么办呀?"

"这就要用到 Lasso 回归了,让我们一起继续往下看。"

1. Lasso 回归预测算法介绍

根据 9.2 节内容所介绍的惩罚因子,带有 L1 正则化的称为 Lasso 回归。Lasso 回归由 Robert Tibshirani(1996)提出。该方法在模型的损失函数中加入了 L1 正则化,对损失函数进行约束,使各系数的绝对值之和小于某一常数。通过该约束,可以将模型的某些回归系数降为零,从而起到特征变量选择的作用。相比于岭回归、偏最小二乘法等传统模型特征选择方法,Lasso 方法在特征选择方面明显要更优秀。

Lasso 回归的特色是在建立广义线性模型时能够对变量进行筛选。变量筛选是指选择部分变量在模型中进行拟合,它是一种降低模型复杂度的方法。模型筛选不仅可以使模型变得更为简单,也可以一定程度上解决自变量间共线性的问题。

2. Lasso 回归预测算法实现

首先,我们将 Lasso 回归模型导入,找出最佳参数和准确率。

```
from sklearn.linear_model import Lasso
# 创建 Lasso 回归模型
lasso = Lasso()
# 寻找最佳参数
param_grid = {'alpha': [0.1, 1.0, 5.0, 10.0, 15.0],
# 参数范围 alpha 表示 Lasso 回归的系数
              'fit_intercept': [True, False],
              'normalize': [True, False],
              'selection': ['cyclic', 'random'],
              'warm_start':[True, False] }
# 创建 GridSearchCV 对象
grid_search = GridSearchCV(lasso, param_grid, cv=5)
# 寻找最佳参数
grid_search.fit(X_train, y_train)
# 输出最佳参数
print(" 最佳参数为 ", grid_search.best_params_)  # 输出最佳参数
print(" 准确率为 =", grid_search.score(X_test, y_test))
                                           # 测试集上的准确率
```

接下来导入绘图函数,创建 64 个子图对上面所求到的最佳参数进行测试得出拟合效果。

```
# 导入画图函数
import matplotlib.pyplot as plt
# 导入 80 个子图
lassos = []
lassos_scores=[]
fig, axes = plt.subplots(10, 8, figsize=(20, 20))
                                    #axes 是一个二维数组
```

```python
# 调整文字与图片的间距
plt.tight_layout()
for i in range(2):
    for j in range(2):
        for k in range(2):
            for n in range(2):
                for m in range (5):
                    lasso = Lasso(alpha=param_grid['alpha'][m], fit_intercept=param_grid['fit_intercept'][i], normalize=param_grid['normalize'][j], selection=param_grid['selection'][k], warm_start=param_grid['warm_start'][n])
                    lassos.append(lasso)
                    lasso.fit(X_train, y_train)
                    # 计算测试集上的准确率
                    score = lasso.score(X_test, y_test)
                    lassos_scores.append(score)
lassos = np.array(lassos).reshape((10, 8))
lassos_scores = np.array(lassos_scores).reshape((10, 8))
for i in range(10):
    for j in range(8):
        axes[i, j].plot(X_test, y_test, 'o', color='yellow')
        axes[i, j].plot(X_test, lassos[i][j].predict(X_test), 'g-')
        axes[i, j].set_title("score=%.4f"%(lassos_scores[i][j]))
```

程序运行后，拟合效果如图 9-6 所示。

从结果看，降低 alpha 值可以拟合出更复杂的模型，但如果把 alpha 的值设置的太低，就等于把正则化的效果去除了，那么模型可能会像线性回归一样，出现过拟合的问题。

如果数据过多，而且只有一小部分是真正重要的，那么 Lasso 回归是更好的选择，同样，如果需要对模型进行解释的话，那么 Lasso 回归会让模型更容易被理解，因为它只是使用了输入特征值中的一部分。

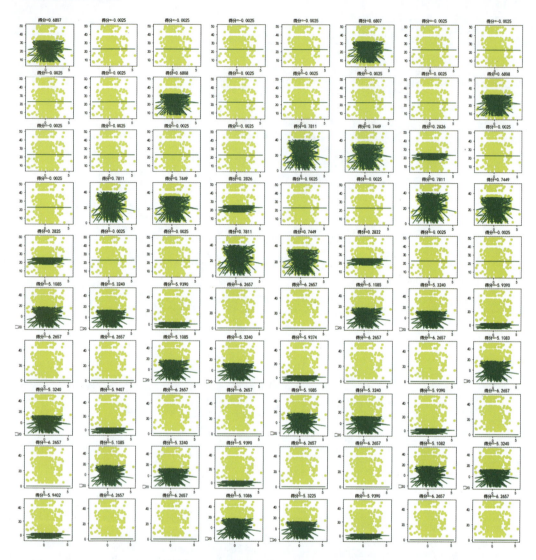

图 9-6　Lasso 回归算法程序运行结果图

【问题 9-1】　简述岭回归与 Lasso 回归的区别。

【问题 9-2】　现有一组关于影响燃油效率的数据（下载数据文件 autompg.data），试用岭回归进行分析，可以尝试用单变量和多变量进行分析，在此基础上对二者的实现效果进行比较。

"预测算法是机器学习领域重要的算法领域之一。本单元通过线性回归预测算法的学习让学生领会回归、拟合等预测算法的要素。机器学习算法的学习以理解领会为主，本单元介绍的预测算法在 Python 中都可以通过第三方库的引用加以实现，希望能通过预测算法的应用来砥砺思维，引领同学们在机器学习和人工智能的世界里自由驰骋。"

习 题

1. 直线方程 $y=w·x+b$，其中 b 的含义是（   ）。
   A. 系数　　　　　B. 截距　　　　　C. 斜率　　　　　D. 权重
2. 线性回归能完成的任务是（   ）。
   A. 预测离散值　　B. 分类　　　　　C. 预测连续值　　D. 聚类
3. 如图 9-7 所示，假设水平轴为自变量，垂直轴为因变量，下列坐标可用于最小二乘拟合的是（   ）。

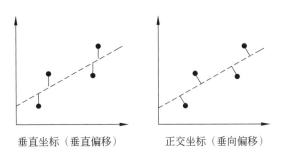

图 9-7　习题 3 图

   A. 垂直坐标　　　　　　　　　　　B. 正交坐标
   C. 都可以，视情况而定　　　　　　D. 都不对
4. 线性回归的核心是（   ）。

A. 构建模型　　　B. 距离度量　　　C. 参数学习　　　D. 特征提取

5. 在机器学习中经常运用回归预测算法，属于预测算法分析的有（　　）。

A. 线性回归　　　B. Lasso 回归　　　C. 岭回归　　　D. 以上都是

6. 图 9-8 显示了对相同训练数据的三种不同拟合模型（蓝线标出），以下得出的结论中，正确的组合是（　　）。

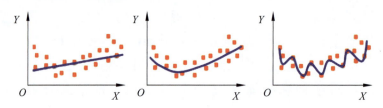

图 9-8　不同拟合模型

① 同第二个和第三个模型相比，第一个模型的训练误差更大。

② 该回归问题的最佳模型是第三个，因为它有最小的训练误差。

③ 第二个模型比第一个和第三个鲁棒性更好，因为它在处理不可见数据方面表现好。

④ 相比第一个和第二个模型，第三个模型过拟合了数据。

⑤ 因为我们尚未看到测试数据，所以所有模型表现一致。

A. ①和③　　　B. ①和②　　　C. ①，③和④　　　D. 只有⑤

"小帅,我听说我国的'天河二号'计算机获得了全世界超级计算冠军呢!这么快的计算机,是用来做什么的呢?"

"听老师说,地球环境、海洋、大气、生命科学等许多领域的科学计算都需要非常多的数据,进行非常复杂的计算模拟,一般的计算机可能几万年都完成不了呢!超级计算机在这些问题的计算上就能大显神威啦!"

"那我们自己的计算机能够进行大型的计算吗?"

"一台计算机就像一个人的大脑,能力肯定是有限的,但是我们可以想办法最大地发挥它的潜能。还有一群计算机,就像一群人,人多力量大,只要指挥得当,就可以完成大型任务了!计算机算法中也有一类调度算法,可以充分调用计算机资源,服务于复杂的任务。我现在也不了解调度算法,我们一起和老师去学习它吧!"

对于计算机而言,CPU 的计算能力、内存空间的大小都是有限的,如何在计算中确定一定的原则,从而充分利用、分配这些资源,对于充分发挥计算机的计算能力,高效完成计算任务,是非常重要的。本单元我们将一起学习先来先服务、短作业优先、优先级调度等资源分配原则及分配算法。让我们一起点燃计算机的"小宇宙"吧!

10.1 进程调度

进程是计算机中的程序关于某数据集合上的一次运行活动,是系统进行资

第 10 单元 调度算法

源分配和调度的基本单位,是操作系统结构的基础。在系统中有很多进程同时运行,进程的执行需要占用 CPU 资源,而 CPU 资源却是有限的,简单地说就是狼多肉少,因此需要设计进程的调度方案以实现最优地利用 CPU 资源,确保让每一个进程都得以运行。

在介绍具体的进程调度算法之前,我们先介绍进程调度过程中会考虑的一些指标。

CPU 利用率:CPU 是计算机系统中的稀缺资源,所以应在有具体任务的情况下尽可能使 CPU 保持忙碌,从而使得 CPU 资源利用率最高。

吞吐量:CPU 运行时的工作量大小是以每单位时间所完成的进程数目来描述的,即称为吞吐量。

周转时间:进程从创建到进程结束所经过的时间,包括各种因素(如等待 I/O 操作完成)导致的进程阻塞,处于就绪态并在就绪队列中排队,在处理机上运行所花时间的总和。

等待时间:进程在就绪队列中等待所花的时间总和。通常,衡量调度算法的一种简单方法就是统计进程在就绪队列上的等待时间。

响应时间:指从事件(比如产生了一次时钟中断事件)产生到进程或系统做出响应所经过的时间。在交互式桌面计算机系统中,用户希望响应时间越快越好,但这常常要以牺牲吞吐量为代价。

这些指标有些时候是矛盾的,例如,响应时间短也就意味着在相关事件产生后,操作系统需要迅速进行进程切换,让对应的进程尽快响应产生的事件,从而导致进程调度与切换的开销增大,这会降低系统的吞吐量。在一个系统中会综合考虑这些指标来设计进程调度算法。

接下来,我们分别学习一下先来先服务调度算法、短作业优先调度算法、优先级调度算法。

10.2 先来先服务调度算法

先来先服务(First Come First Service, FCFS)算法属于非抢占式的调度算法。顾名思义,先来后到,每次从就绪队列中选择最先进入队列的进程,然后一直运行,按照请求的顺序进行调度,如图 10-1 所示。

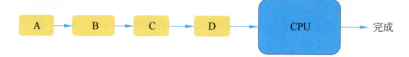

图 10-1　先来先服务算法图

这看上去似乎很公平，但是当一个长作业先运行了，那么后面的短作业等待的时间就会很长。因此，先来先服务调度算法不利于短作业，FCFS 对长作业有利。

例如，随机生成三个进程：

```
进程 1 正在执行，到达时间：10 还需运行时间：4 已运行时间：0
进程 0 正在执行，到达时间：13 还需运行时间：8 已运行时间：0
进程 2 正在执行，到达时间：15 还需运行时间：6 已运行时间：0
```

可以看到根据到达时间，先后顺序为进程 1，进程 0，进程 2。

先来先服务算法的部分代码如下。

```python
def fcfs(list1):    # 先来先服务
    time = 0
    while 1:
        print("time:", time)
        if time >= list1[0].arr_time:
            list1[0].running()
            list1[0].Output()
            if list1[0].all_time == 0:
                print("进程" + list1[0].pid + "执行完毕, 周转时间: " + str(time - list1[0].arr_time + 1) + "\n")
                list1.remove(list1[0])
        time += 1
        if not list1:
            break
```

运行结果为：

```
time: 10
...
```

```
进程 1 执行完毕，周转时间: 4

time: 14
…
进程 0 执行完毕，周转时间: 9

time: 22
…
进程 2 执行完毕，周转时间: 13
```

可以看到运行顺序为进程 1，进程 0，进程 2，与我们推测的结果相同。

注意：由于代码过长，本节只呈现了部分代码，完整代码可以在书后附录扫描二维码下载。

"同学们，假设你们参加了一个森林探险队，要根据探险队分配的任务完成探险工作。每接受一项新任务，例如，寻找水源、搭建帐篷、观测动物……，你就把它写到清单的最下面，然后按照从上到下的顺序一件一件完成这些事，这就是算法。你应该明显能感觉到这里面的问题，我们做事是要分轻重缓急的，而且很多事你不知道完成它到底需要多久，万一一直没完成，你单子里下面的事是不是也跟着都完成不了？这显然是不行的。所以，遇到像这样的问题，我们就没办法用先来先服务去完成任务了。怎么办呢？接下来我们就将学习短作业优先调度算法来解决这个问题。"

10.3 短作业优先调度算法

 短作业优先调度算法

短作业优先算法（Shortest Job First, SJF）会选择运行时间最短的进程来运行,这有助于提高系统吞吐量,如图 10-2 所示。但是,这显然对长作业不利,很容易造成另一种极端现象。

图 10-2　短作业优先算法图

例如,一个长作业在就绪队列等待运行,而这个就绪队列中有非常多的短作业,那么就会使得长作业不断地后移,周转时间变长,在最坏的情况下长作业长期甚至不会被运行。

同 10.2 节一样,先随机生成三个进程:

进程 2　正在执行,到达时间:12　还需运行时间:1　已运行时间:0
进程 1　正在执行,到达时间:13　还需运行时间:8　已运行时间:0
进程 0　正在执行,到达时间:14　还需运行时间:6　已运行时间:0

按运行时间大小排列顺序为进程 2,进程 0,进程 1。

2. 短作业优先法的特点

优点:

(1) 比 FCFS 改善了平均周转时间和平均带权周转时间,缩短了作业的等待时间。

(2) 提高了系统的吞吐量。

缺点:

(1) 对长作业非常不利,可能长时间得不到执行。

(2) 未能依据作业的紧迫程度来划分执行的优先级。

(3) 难以准确估计作业(进程)的执行时间,从而影响调度性能。

3. 短作业优先法的变型

(1) 最短剩余时间优先 (Shortest Remaining Time, SRT):允许比当前进程剩余时间更短的进程来抢占。

(2) 最高响应比优先 (Highest Response Ratio Next, HRRN):响应比 $R=$

（等待时间 + 要求执行时间）/ 要求执行时间，是 FCFS 和 SJF 的折中。

短作业优先算法的部分代码如下。

```python
def sjf(list1):    # 抢占式短作业优先
    list2 = []     # 就绪队列
    time = 0
    while 1:
        len_list2 = len(list2)
        print("time:", time)
        if list1:
            i = 0
            while 1:    # 将进程放入就绪队列，就绪队列的第一个是正在执
                        # 行的进程
                if time == list1[i].arr_time:
                    list2.append(list1[i])
                    list1.remove(list1[i])
                    pid = list2[0].pid    # 获取就绪队列第一个进程
                                          # 的进程 ID
                    i -= 1
                i += 1
                if i >= len(list1):
                    break
        if len(list2) >= 2 and len(list2) != len_list2:
# 判断就绪队列中最短的作业
            len_list2 = len(list2)
            for i in range(len(list2) - 1):
                for j in range(i + 1, len(list2)):
                    if list2[i].all_time > list2[j].all_time:
                        list2[i], list2[j] = list2[j], list2[i]
        if list2:    # 执行过程
            if pid != list2[0].pid:    # 如果正在执行的进程改变，则发
                                       # 生抢占
                print("发生抢占,进程" + list2[0].pid + "开始执行")
                pid = list2[0].pid
```

```
            list2[0].running()
            list2[0].Output()
            if list2[0].all_time == 0:
                print("进程" + list2[0].pid + "执行完毕,周转时间: "\
    + str(time - list2[0].arr_time + 1) + "\n")
                list2.remove(list2[0])
                if list2:
                    pid = list2[0].pid
        time += 1
        if not list2 and not list1:
            break
```

运行结果为（结果运算部分已省略）：

```
time: 12
…
进程 2 执行完毕,周转时间: 1


time: 13
…
进程 0 执行完毕,周转时间: 6


time: 20
…
进程 1 执行完毕,周转时间: 14
```

可以看到运行顺序为进程 2, 进程 0, 进程 1, 与我们推测的结果相同。

"这个方法解决了轻重缓急的问题，但是对于时间较长的任务，可能一直得不到解决。这就是 SJF 算法存在的明显问题。所以，我们将继续介绍优先级调度算法，来解决这个'世纪难题'。"

第 10 单元　调度算法

10.4　优先级调度算法

1.　优先级调度算法的定义

在前两节的学习中，先来先服务调度算法和最短作业优先调度算法都没有很好地解决短作业和长作业混杂时的调度问题。而高响应比优先（Highest Response Ratio Next，HRRN）调度算法很好地解决了这个问题。在每次进行进程调度时，高响应比优先调度算法会先计算进程的响应比优先级，然后把响应比优先级最高的进程投入运行，其中，响应比优先级的计算公式如下。

$$优先权 = \frac{等待时间 + 要求服务时间}{要求服务时间}$$

从上面的公式可以发现：如果两个进程等待时间相同，要求服务时间越短的进程，其响应比越高，这样短作业进程容易被选中；如果两个进程要求服务的时间相同，等待时间越长的进程，其响应比就越高，这就兼顾到了长作业进程。因为进程的响应比可以随着等待时间的增加而提高，当等待时间足够长时，其响应比便会升高，从而获得运行的机会。

同 10.3 节一样，先随机生成三个进程，我们可以通过优先权法计算出优先运行的进程。

> 进程 2　优先级：5　到达时间：10　还需运行时间：3　已运行时间：0　开始阻塞时间：8　阻塞时间：9　状态：Ready
>
> 进程 1　优先级：8　到达时间：11　还需运行时间：3　已运行时间：0　开始阻塞时间：6　阻塞时间：7　状态：Ready
>
> 进程 0　优先级：2　到达时间：12　还需运行时间：9　已运行时间：0　开始阻塞时间：10　阻塞时间：4　状态：Ready

2. 优先调度算法的类型

（1）非抢占式优先权调度算法。

特点：系统一旦把处理机分配给就绪队列中优先权最高的进程后，该进程便一直执行下去直至完成；或因发生某事件使该进程放弃处理机时，系统才将处理机重新分配给另一优先权最高的进程。此算法主要用于批处理系统中，也可用于某些对实时性要求不严的实时系统中。

（2）抢占式优先权调度算法。

特点：把处理机分配给优先权最高的进程，但在执行期间，只要出现另一个优先权更高的进程，则进程调度程序就立即停止当前进程的执行，并将处理机分配给新到的优先权最高的进程（注意：只要系统中出现一个新的就绪进程，就进行优先权比较）。该调度算法能更好地满足紧迫作业的要求，故而常用于要求比较严格的实时系统中，以及对性能要求较高的批处理和分时系统中。

3. 优先级类型

优先级又分为静态优先级和动态优先级，它们的确定原则如下。

静态优先级——作业调度中的静态优先级大多按以下原则确定。

（1）由用户自己根据作业的紧急程度输入一个适当的优先级。

（2）由系统或操作员根据作业类型指定优先级。

（3）系统根据作业要求资源情况确定优先级。

（4）按进程的类型给予不同的优先级。

（5）将作业的静态优先级作为它所属进程的优先级。

动态优先级——进程的动态优先级一般根据以下原则确定。

（1）根据进程占用 CPU 时间的长短来决定。

（2）根据就绪进程等待 CPU 的时间长短来决定。

优先级调度算法的部分代码如下。

```
def hrrn(list1):      # 动态最高优先数优先
    list2 = []        # 就绪队列
    list3 = []        # 阻塞队列
    time = 0
    while 1:
```

```python
        print("time:", time)
        if list1:
            i = 0
            while 1:     # 将进程放入就绪队列
                if time == list1[i].arr_time:
                    list2.append(list1[i])
                    list1.remove(list1[i])
                    pid = list2[0].pid
                    i -= 1
                i += 1
                if i >= len(list1):
                    break
        for i in range(len(list2) - 1):
            # 将就绪队列的进程按优先级大小排列
            for j in range(i + 1, len(list2)):
                if list2[i].priority < list2[j].priority:
                    list2[i].toReady()     # 将状态置为 Ready
                    list2[i], list2[j] = list2[j], list2[i]
                                           # 交换位置
        if list2:   # 执行过程
            if pid != list2[0].pid:
                print("发生抢占,进程" + list2[0].pid + "开始执行")
                pid = list2[0].pid
            if list2[0].start_block > 0 or list2[0].block_time <= 0:
                list2[0].toRun()
                list2[0].running()
                list2[0].toBlocking()
            for i in range(1, len(list2)):
                list2[i].priority += 1
                list2[i].toBlocking()
        if list3:                              # 阻塞队列
            for i in list3:
                i.blocking()
        for i in list2:
```

```python
        i.output()
    for i in list3:
        i.output()
    if list2:              # 若进程开始阻塞时间为0，将进程放入阻塞队列
        i = 0
        while 1:
            if list2:
                if list2[i].start_block == 0 \
                and list2[i].block_time != 0:
                    print("进程" + list2[i].pid + \
                    "开始阻塞，进入阻塞队列")
                    list2[i].toBlock()
                    list3.append(list2[i])
                    list2.remove(list2[i])
                    i -= 1
            i += 1
            if i >= len(list2):
                break
    if list3:              # 若进程阻塞时间为0，将进程放入就绪队列
        i = 0
        while 1:
            if list3[i].block_time == 0:
                print("进程" + list3[i].pid +\
                "阻塞结束，进入就绪队列")
                list3[i].toReady()
                list2.append(list3[i])
                list3.remove(list3[i])
                pid = list2[0].pid
                i -= 1
            i += 1
            if i >= len(list3):
                break
    if list2:              # 进程执行完毕则移出就绪队列
        if list2[0].all_time <= 0:
```

第 10 单元　调度算法

```
            list2[0].toFinish()
            print("进程" + list2[0].pid + "执行完毕,周转时间: "\
            + str(time - list2[0].arr_time + 1), \
            " 状态: " + list2[0].state + "\n")
            list2.remove(list2[0])
            if list2:
                pid = list2[0].pid
    time += 1
    if not (list1 or list2 or list3):
        break
```

运行结果为:

```
    time: 10
    进程 2 优先级: 5 到达时间:10 还需运行时间:2 已运行时间:1 开始阻塞时间:
7 阻塞时间: 9 状态: Run
    time: 11
    发生抢占,进程 1 开始执行
    ...
    进程 1 执行完毕,周转时间: 3 状态: Finish

    time: 14
    ...
    进程 2 执行完毕,周转时间: 6 状态: Finish

    time: 16
    ...
    进程 0 执行完毕,周转时间: 17 状态: Finish
```

可以看到进程运行顺序为进程 1,进程 2,进程 0,与我们推测的结果相同。

现在应该知道,你在收到任务之后,不仅预估了时间,还预估了这件事的重要程度,列出了优先级,按照优先级来一件件完成,这样你总算是把问题解决了。你一定会成为探险队优秀队员的。

耶！调度算法真神奇！

【问题 10-1】 短作业优先调度算法的缺点是什么？

【问题 10-2】 请创建 5 个进程 P1、P2、P3、P4、P5，规定进程的优先级、运行时间、开始时间、开始阻塞时间和阻塞时间。分别利用所学的三种算法实现进程的调度。

"本单元我们学习了如何通过调度算法解决计算机系统资源的分配问题。科学、高效、合理的资源调度，是充分发挥计算资源能力、设计优秀算法的关键。你 get 到了吗？"

1. 下列算法中，操作系统用于作业调度的算法是（　　）。
   A. 先来先服务算法　　　　　　　B. 先进先出算法
   C. 最先适应算法　　　　　　　　D. 时间片轮转算法
2. 调度算法中的短作业调度算法依据的进程调度特点是（　　）。
   A. 优先级
   B. 进程进入内存时间

C. 进程运行总时间

D. 进程进入内存之后还需运行的时间

3. 在作业调度中，运行时间最短的作业被优先调度，这类调度算法是（　　）。

  A. 先来先服务　　　　　　　　B. 短作业优先

  C. 响应比高优先　　　　　　　D. 优先级

4. 进程调度主要负责的任务是（　　）。

  A. 选择进程进入内存　　　　　B. 选一个进程占有 CPU

  C. 建立一个进程　　　　　　　D. 撤销一个进程

5. 一个进程被 P 唤醒后，下列叙述正确的是（　　）。

  A. P 就占有 CPU

  B. P 的 PCB 被移到就绪队列的队首

  C. P 的优先级肯定最高

  D. P 的状态变为准备状态

第 11 单元　分类算法

"小帅，我们每天都要到学校学习各种知识，可老师经常提到机器学习，你相信冰冷冷的机器真的会学习吗？"

"这是当然了！机器不但能够学习，而且在很多时候，它们的学习效率比我们还高，比我们还聪明呢！比如机器能从大量的数据中提取特征，从而对数据分类，形成策略，这可比人工分类厉害多了！"

　　分类算法就是通过学习得到一个目标函数（通常也称作分类模型、分类器），借助分类器将未知类别的数据对象映射到给定的某一个类别中。

　　就像一个篮子里面有很多葡萄和苹果，机器会通过我们训练出来的模型，对篮子里的水果进行分类。例如，红色 = 苹果，紫色 = 葡萄。若要让机器知道这种规则，我们就需要一定量的带有"红/紫"标签的数据，然后让模型学习，如图 11-1 所示。

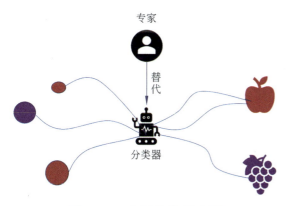

"噢！原来是这样的分类规则。"

图 11-1　水果分类示意图

　　分类算法在解决实际问题时，常把数据拆分成两个数据集：训练数据集和测试数据集。通过数据挖掘算法对训练数据集进行建模，寻找 x 和 y 之间的数据模型，然后通过测试数据集来验证该数学模型的准确率，如果误差能够控制到一定精度，则认为该模型很好地反映了 x 和 y 的关系，可以用来进行预测和分析，如图 11-2 所示。

　　分类的方法有很多，但大多是以线性回归为基础拓展而来，如逻辑回归。比较常见的分类算法有：逻辑回归、支持向量机（SVM）、KNN、决策树、随

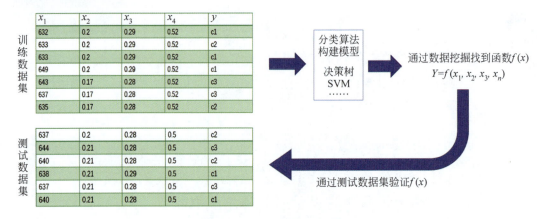

图 11-2　分类算法流程图

机森林（FRC）、Xgboots、贝叶斯、神经网络等。在这一单元中，我们主要介绍支持向量机、KNN 和随机森林分类法。

11.1　支持向量机分类算法

　　支持向量机（Support Vector Machine，SVM）是一种基于统计学习理论的机器学习算法。它的基本模型是定义在特征空间上的间隔最大的线性分类器。支持向量机是机器学习领域中极为经典的算法之一，它在解决小样本学习问题中有自己的独到之处。经过多年的工程实践和理论研究，这一方法在算法实现和理论体系上取得了迅速的发展。

　　SVM 学习的基本想法是求解能够正确划分训练数据集，并且几何间隔最大的分离超平面，如图 11-3 所示。如图 11-4 所示，$w·x+b=0$ 即为分离超平面。

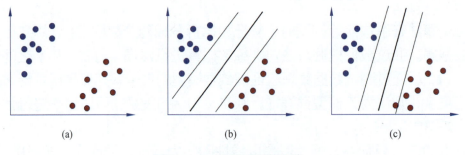

图 11-3　超平面选取图

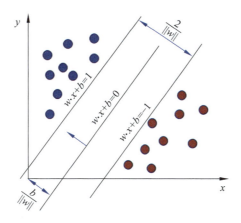

图 11-4 超平面分离图

SVM 算法实际上是为了达到最小化风险的一种折中算法。它在处理解决线性不可分的问题时效果不太理想，但通过引入核函数之后，对大多数的数据样本都能达到较好的分类效果。SVM 算法主要包括两个方面：一是对于线性的样本集，在其原始空间进行分析；二是对于非线性的样本集，将样本映射到高维空间，就可以在高维空间中找到一个线性超平面，将两类数据线性分类。

优点：可以解决小样本情况下的机器学习问题，少数支持向量决定了最终结果。这不仅可以帮助我们抓住关键样本、"剔除"大量冗余样本，而且可以提高泛化性能。

缺点：在需要大规模训练样本的学习问题中难以实施；用 SVM 解决多分类问题存在困难。

11.2 K-最近邻算法

K-最近邻算法是基于现有的数据对未知的数据进行分类管理的算法，所谓 K-最近邻，就是 K 个最近的邻居，每一个样本数据都可以用最接近它的 K 个邻居来表示，如图 11-5 所示。最简单的分类器需要将全部的训练数据所对应的类别都记录下来，当测试对象的属性和某个训练对象的属性完全匹配时，便可以对其进行分类。

K-最近邻算法的思想：在训练集中数据和标签已知的情况下，输入测试数据，将测试数据的特征与训练集中对应的特征进行对比，找到训练集中与之最

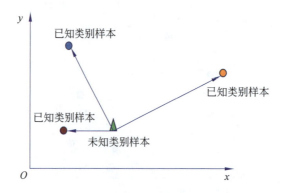

图 11-5　最近邻算法概念图

为相似的前 K 个数据，则该测试数据对应的类别就是 K 个数据中出现次数最多的那个分类，其算法的描述如下。

（1）计算测试样本与各个训练样本之间的距离。
（2）按照距离的递增关系进行排序。
（3）选取距离最小的 K 个样本。
（4）确定前 K 个样本所在类别的出现频率。
（5）返回前 K 个样本中出现频率最高的类别作为测试样本的预测分类。

测试样本与训练样本之间距离的度量方法如图 11-6 所示。

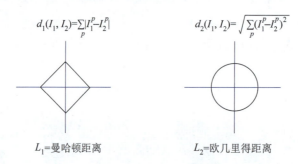

图 11-6　距离度量

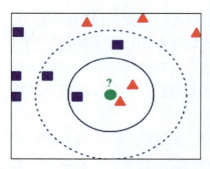

图 11-7　K-最邻近算法分析图

K-最近邻分类算法是最简单的机器学习算法。如果一个样本的特征集所映射的高维空间中的 K 个最近的样本中的大多数样本属于某一分类，则该样本也属于该分类。K-最近邻算法中，所选择的邻居都是已经正确分类的对象。例如，如图 11-7 所示，中心圆要被决定划分为某一分类，是属于三角形还是属于正方形？如果 $K=3$，由于三角形所占比例为 2/3，所以中心圆将被划分到三角形所属的分类，如果 $K=5$，由于正方形比例为 3/5，所以中心圆被划分到正方形所属的分类。

从上述例子中可以看出，K-最近邻算法的结果很大程度上取决于 K 的选择。

优点：

（1）简单，易于理解，易于实现。

（2）KNN 是一种在线技术，新数据可以直接加入数据集，不必重新进行训练。

缺点：

（1）懒惰算法，对测试样本分类时的计算量大，内存开销大，评分慢。

（2）可解释性较差，无法给出决策树那样的规则。

（3）样本不平衡时，预测偏差比较大。

"老师，KNN 和 K-means 的区别和相似点是什么啊？"

二者的区别为：

（1）KNN 是一种监督学习算法，解决分类问题，而 K-means 是非监督学习算法，解决聚类问题。

（2）KNN 是人为选定 K，含义是考察 K 个最近的样本，决定未知样本的所属分类，没有明显的训练过程。

（3）K-means 也是人为选定 K，含义是 K 个聚类中心，计算样本到聚类中心的距离，得到初步的聚类结果，由聚类结果更新聚类中心，迭代直至聚类中心不再变化或者聚类中心来回变化，所有点的类别都不再发生改变为止。

二者的相似点为：

（1）K 值的选取会影响到分类/聚类结果。

（2）都利用到了最近邻 (Nearest Neighbor, NN) 的思想。

11.3 随机森林算法

随机森林算法是一种基于决策树的集成算法。决策树是一个树状的构造形式，可以是非二叉树结构，也可以是二叉树结构。随机森林由多棵决策树构成，且森

林中的每一棵决策树之间没有关联，模型的最终输出由森林中的每一棵决策树共同决定。对于测试样本，森林中每棵决策树会给出最终类别，最后综合考虑森林内每一棵决策树的输出类别，以投票方式来决定测试样本的类别，如图 11-8 所示。

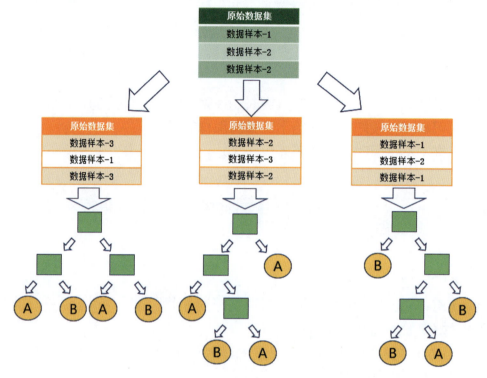

图 11-8　随机森林决策树图

优点：

（1）采用集成学习方式，比传统算法的准确率更高。

（2）支持处理连续型和离散型属性。

（3）易于并行化。

（4）具有很强的抗噪能力并且不易陷入过拟合。

缺点：

随机性让使用者无法控制模型内部的运行，只能在不同的参数和随机种子之间尝试。

"老师，随机森林的树是否数量越多越好？"

树的数量并不是越多越好。构建很多树，一来浪费资源，二来达到一定的数量后，模型的性能基本保持稳定，随着树的增加准确率的提升非常小。随机森林中通过引入随机抽样和随机抽列，使模型对异常点有更好的鲁棒性，模型的泛化能力更强。如果是无限棵树,则会抵消随机性的引入,模型会是过拟合的,其泛化性能也会降低。此外,噪声较大时,模型也会学习到更多噪声相关的信息,发生过拟合，降低泛化性能。

下面使用本单元中介绍的三种分类算法，以手写数字识别为例进行简单的实践与比较。

如图 11-9 所示，每一幅图片都是 8×8 的矩阵数组，它包含每个数字的特征，将这些图片数据集进行分割，一部分用来模型训练，一部分用来验证数据。

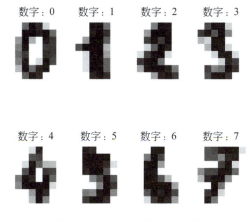

图 11-9　手写数字示例图

```
# 分割数据集
from sklearn.model_selection import train_test_split
X_train, X_test, y_train, y_test = train_test_split(digits.data, digits.target, test_size=0.25, random_state=33)
```

从 SVM 导入 SVC 分类器且利用网格搜索器搜索针对该数据集的 SVC 分类器的最佳参数。

```
from sklearn.svm import SVC                           # 导入 SVC
from sklearn.model_selection import GridSearchCV      # 导入网格搜索器
# 创建一个网格搜索对象
parameters = [{'kernel': ['rbf'], 'C': [1, 10, 100, 1000], 'gamma': [0.001, 0.0001]},
              {'kernel': ['linear'], 'C': [1, 10, 100, 1000]}]
```

```
svc = SVC()                                    # 创建一个 SVC 分类器
                                               # 网格搜索的参数
clf = GridSearchCV(svc, parameters, n_jobs=-1)
               # 创建一个网格搜索对象 n_jobs=-1 表示使用所有的 CPU
clf.fit(X_train, y_train)                      # 训练模型
print("最佳参数为: ", clf.best_params_)
print('得分: %.4f' % clf.score(X_test, y_test))
```

运行结果为：

```
最佳参数为: {'C': 10, 'gamma': 0.001, 'kernel': 'rbf'}
得分: 0.9911
```

不同的参数对于分类情况有着千丝万缕的关系，下面让我们来看一下在不同参数下，其对数据集的分类得分的影响，如图 11-10 和图 11-11 所示。

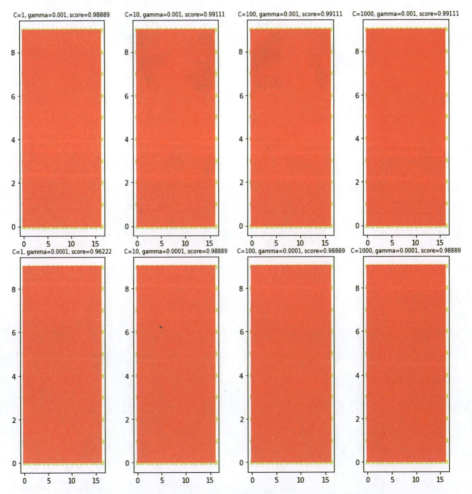

图 11-10　核函数为 rbf 时不同 C 和 gamma 的得分情况

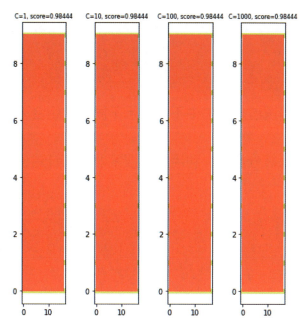

图 11-11 核函数为 linear 时不同 C 的得分情况

下面导入最近邻分类器，利用网格搜索器搜索针对该数据集的最近邻分类器的最佳参数。

```python
# 导入最近邻分类器
from sklearn.neighbors import KNeighborsClassifier
# 创建一个网格搜索对象
from sklearn.model_selection import GridSearchCV
# 创建一个网格搜索对象


parameters = {'n_neighbors': [1, 3, 5, 7, 8], 'weights': ['uniform', 'distance'],
              'algorithm': ['auto', 'ball_tree', 'kd_tree', 'brute']}

knn = KNeighborsClassifier()
clf = GridSearchCV(knn, parameters, n_jobs=-1, cv= 5)
clf.fit(X_train, y_train)
print("最佳参数为: ", clf.best_params_)
print('得分: %.4f' % clf.score(X_test, y_test))
```

最佳参数为：{'algorithm': 'auto', 'n_neighbors': 1, 'weights': 'uniform'}

得分：0.9867

由于参数组合情况过多，书中不再展示不同参数组合下的得分情况，如有需要请查看源代码。

下面导入随机森林分类器，利用网格搜索器搜索针对该数据集的随机森林分类器的最佳参数。

```python
# 导入随机森林分类器
from sklearn.ensemble import RandomForestClassifier
from sklearn.model_selection import GridSearchCV # 导入网格搜索器
# 创建一个网格搜索对象
parameters = {'n_estimators': [10, 20, 30, 40, 50, 60, 70, 80, 90, 100],
              'max_features': [2, 3, 4, 5, 6, 7, 8, 9, 10, 11, 12, 13, 14, 15, 16, 17, 18, 19, 20]}

clf = RandomForestClassifier(random_state=0)
clf = GridSearchCV(clf, parameters, n_jobs=-1, cv=5)
clf.fit(X_train, y_train)
print("最佳参数为：", clf.best_params_)
print('得分：%.4f' % clf.score(X_test, y_test))
```

最佳参数为：{'max_features': 5, 'n_estimators': 60}

得分：0.9644

【问题 11-1】 利用所学的三种分类算法分析 Churn_Modelling.csv（可扫码下载）中的数据并观察哪种算法的正确率最高。具体核心的算法可以自行更改进行深入观察。

"识别、评判、动态策略生成是人工智能重要的特征。本单元通过人工智能的典型应用，让同学们认识了分类算法是人工智能的基础，以典型的分类算法应用使学生初步具有分类算法应用的能力。"

习 题

1. 在支持向量机分类算法 SVC 中，核函数的种类数为（　　）。
   A. 3 种　　　　　B. 4 种　　　　　C. 5 种　　　　　D. 6 种
2. 关于 KNN 算法的描述，不正确的是（　　）。
   A. 可以用于分类
   B. 可以用于回归
   C. 距离度量的方式通常用曼哈顿距离
   D. K 值的选择一般选择一个较小的值
3. 下列有关 SVM 说法不正确的是（　　）。
   A. SVM 使用核函数的过程实质是进行特征转换的过程
   B. SVM 对线性不可分的数据有较好的分类性能
   C. SVM 因为使用了核函数，因此它没有过拟合的风险
   D. SVM 的支持向量是少数的几个数据点向量
4. 以下关于随机森林 (Random Forest) 说法正确的是（　　）。
   A. 随机森林由若干决策树组成，决策树之间存在关联性
   B. 随机森林学习过程分为选择样本、选择特征、构建决策树、投票四个部分
   C. 随机森林算法容易陷入过拟合
   D. 随机森林构建决策树时，是无放回地选取训练数据
5. 表示决策树中机会点的图形是（　　）。
   A. 三角形　　　　B. 方形　　　　C. 圆形　　　　D. 菱形
6. 在随机森林里，若生成了几百棵树 (T_1, T_2, …, T_n)，然后对这些树的结果进行综合。下面关于随机森林中每棵树的说法正确的是（　　）。

A. 每棵树是通过数据集的子集和特征的子集构建的

B. 每棵树是通过所有的特征构建的

C. 每棵树是通过所有的数据构建的

D. 每棵树并不是通过数据集的子集和特征的子集构建的

7. SVM 实现线性不可分问题，主要依赖的方法是（　　）。

　A. 特征降维　　　B. 特征筛选　　　C. 基尼指数　　　D. 核函数

"小帅,昨天我观看了一场青少年机器人大赛,看到冠军队的机器人很快就找到了迷宫的出口,它们是怎么做到的呢?"

"小萌,路径规划可是机器学习的强项哦,数学家和计算机科学家已经发明了很多著名的路径算法,这些算法不仅仅是规划路线,在很多领域的规划中都能用到呢!"

12.1 路径算法概述

路径算法,顾名思义,就是选择从甲地到乙地的行走路线。路径选择的依据可能是距离最短、费用最少、符合单行线通行方向要求等。

路径问题的研究历史远远早于计算机科学。在数学领域有一个古老的分支,叫作图论,它起源于游戏难题的研究,如1736年欧拉所解决的哥尼斯堡七桥问题,以及迷宫问题、博弈问题、棋盘上马的行走路线问题等,同时,图论又是近年来发展迅速且应用广泛的一门新兴学科,已渗透到诸如语言学、物理学、化学、计算机科学等学科之中。特别是在计算机科学中,路径算法已经成为机器学习和人工智能应用的重要支撑算法。

为了研究路径算法,就要了解如何表示路径。下面介绍图论中基础的概念。

 图

图(graph)并不是指图形图像(image)或地图(map)。通常把图看作一种由"顶点"(vertex)组成的抽象网络,网络中的各顶点可以通过"边"(edge)实现彼此的连接,表示两顶点有关联。当然图也可认为是对地图的抽象,如图12-1就可以看作将一个游乐园的景点抽象成顶点,将景点之间的道路抽象成边而构成的图。

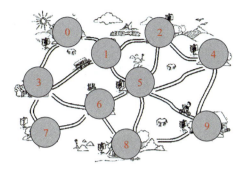

图 12-1　由地图抽象成的图

2. 有向图和无向图

最基本的图通常被定义为"无向图"，与它对应的则被称为"有向图"。两者唯一的区别在于，有向图中的边是有方向性的，如图 12-2 所示。

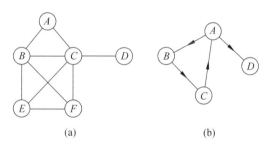

图 12-2　无向图和有向图

3. 权

边的权（或者称为权值、开销、长度等），也是一个重要的基础概念，即每条边都有与之对应的值。例如，当顶点代表某些地点时，两个顶点间边的权重可以设置为道路的长度。有时候为了特殊情况，边的权值可以是 0 或者负数，因为"图"是抽象用来记录顶点关联的，并不是真正的地图。图 12-3 就是一个带有权的图。

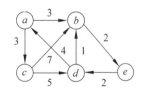

图 12-3　带权有向图

4. 路径

路径就是无向图中满足通路上所有顶点（除起点、终点外）各异，所有边

也各异的通路。

最优路径就是路径中最符合某种需求的一条路径。例如最短路径,就是从起点到终点的边权值和最小的路径。对图求最优路径的方法即称为最优路径算法。

"我原来以为路径就是道路,原来路径问题还有这么多知识在里面呀。"

"是的小萌,路径问题是图论这一古老而时尚学科分支的核心。我们在这里了解的还只是最基础的概念,不过不要担心,Python语言同样可以帮助我们在具备基础概念的情况下就能很好地运用路径算法。"

12.2 迪杰斯特拉算法

1. 迪杰斯特拉算法的定义

迪杰斯特拉算法(Dijkstra)是典型的单源最短路径算法,用于计算一个结点到其他所有结点的最短路径。主要特点是以起始点为中心向外层层扩展,直到扩展到终点为止。注意:该算法要求图中不存在负权边。Dijkstra算法是很有代表性的最短路径算法,在数据结构、图论、运筹学等领域都会用到该算法。

2. 迪杰斯特拉算法原理

通过 Dijkstra 计算图中的最短路径时，需要指定起点 s（即从顶点 s 开始计算）。

此外，还需要引进两个集合 S 和 U。S 的作用是记录已求出最短路径的顶点（以及相应的最短路径长度），而 U 则是记录还未求出最短路径的顶点（以及该顶点到起点 s 的距离）。

起初，S 中只有顶点 s，U 中是除 s 之外的顶点，并且 U 中顶点的路径是"起点 s 到该顶点的路径"。然后，从 U 中找出路径最短的顶点，并将其加入到 S 中；接着，更新 U 中的顶点和顶点对应的路径。然后，再从 U 中找出路径最短的顶点，并将其加入到 S 中；接着，更新 U 中的顶点和顶点对应的路径。一直重复这样的工作，直到遍历完所有顶点。

3. 算法步骤

（1）初始时，S 只包含起点 s。U 包含除 s 外的其他顶点，且 U 中顶点的距离为"起点 s 到该顶点的距离"。例如，U 中顶点 v 的距离为 (s, v) 的长度，如果 s 和 v 不相邻，则 v 的距离为 ∞。

（2）从 U 中选出"距离最短的顶点 k"，并将顶点 k 加入到 S 中，同时，从 U 中移除顶点 k。

（3）更新 U 中各个顶点到起点 s 的距离。之所以更新 U 中顶点的距离，是由于上一步中确定了 k 是求出最短路径的顶点，从而可以利用 k 来更新其他顶点的距离。例如，(s, v) 的距离可能大于 (s, k)+(k, v) 的距离。

（4）重复步骤（2）和（3），直到遍历完所有顶点。

"以图 12-4 为例，来对迪杰斯特拉进行算法演示（以第 4 个顶点 D 为起点）。"

第一步（如图 12-4 所示）：选取顶点 D。

$S=\{D(0)\}$
$U=\{A(\infty), B(\infty), C(3), E(4), F(\infty), G(\infty)\}$

第二步（如图 12-5 所示）：选取顶点 C。

$S=\{D(0), C(3)\}$

$U=\{A(\infty), B(13), E(4), F(9), G(\infty)\}$

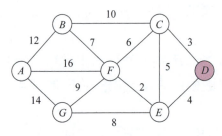
图 12-4 第一步

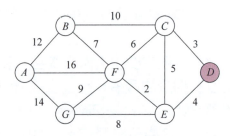
图 12-5 第二步

第三步（如图 12-6 所示）：选取顶点 E。

$S=\{D(0), C(3), E(4)\}$

$U=\{A(\infty), B(13), F(6), G(12)\}$

第四步（如图 12-7 所示）：选取顶点 F。

$S=\{D(0), C(3), E(4), F(6)\}$

$U=\{A(22), B(13), G(12)\}$

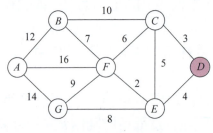
图 12-6 第三步

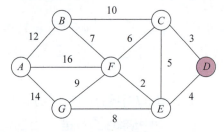
图 12-7 第四步

第五步（如图 12-8 所示）：选取顶点 G。

$S=\{D(0), C(3), E(4), F(6), G(12)\}$

$U=\{A(22), B(13)\}$

第六步（如图 12-9 所示）：选取顶点 B。

$S=\{D(0), C(3), E(4), F(6), G(12), B(13)\}$

$U=\{A(22)\}$

第七步（如图 12-10 所示）：选取顶点 A。

$S=\{D(0), C(3), E(4), F(6),$
$G(12), B(13), A(22)\}$

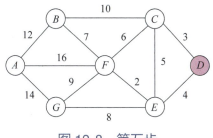
图 12-8 第五步

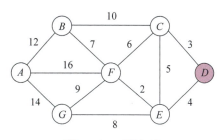
图 12-9 第六步

迪杰斯特拉的算法流程如图 12-11 所示。

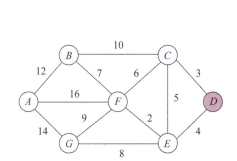
图 12-10 第七步

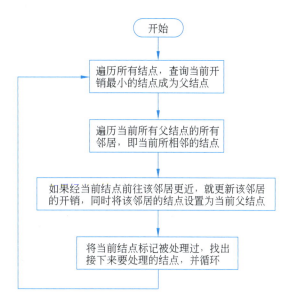
图 12-11 迪杰斯特拉的算法流程图

程序代码如下。

```
# 创建迪杰斯特拉算法
def dijkstra(Graph, start, end):                        # 初始化
    path = []                                           # 记录最短
    n = len(Graph)                                      # 结点数
    inf = float('inf')                                  # 无穷大
    w =[[0 for i in range(n)] for j in range(n)]        # 邻接矩阵
    book =[0 for i in range(n)]                         # 记录是否是最小的标记列表
    dis = [inf for i in range(n)]                       # 记录最短路径的距离
    book[start-1] = 1                                   # 初始化
    midpath = [-1 for i in range(n)]                    # 记录中间路径
    for i in range(n):
```

```
            for j in range(n):
                if Graph[i][j] != 0:
                    w[i][j] = Graph[i][j]
                else :
                    w[i][j] = inf
                if i==start-1 and Graph[i][j] != 0:
                    dis[j] = Graph[i][j]
        for i in  range(n-1):
            min = inf
            for j in range(n):
                if book[j] == 0 and dis[j] < min:
                    min = dis[j]
                    k = j
            book[k] = 1
            for j in range(n):
                if dis[j] > dis[k] + w[k][j]:
                    dis[j] = dis[k] + w[k][j]
                    midpath[j] = k+1
        j = end-1
        path.append(end)
        while midpath[j] != -1:
            path.append(midpath[j]+1)
            j = midpath[j]-1
        path.append(start)
        path.reverse()
        print('path:', path)
        print('dis:', dis)

graph =[[0, 1, 0, 2, 0, 0],
        [1, 0, 2, 4, 3, 0],
        [0, 2, 0, 0, 1, 4],
        [2, 4, 0, 0, 6, 0],
        [0, 3, 1, 6, 0, 2],
        [0, 0, 4, 0, 2, 0]]
dijkstra(graph, 1, 6)                  # 输出最短路径和距离
```

12.3 弗洛伊德算法

1. 弗洛伊德算法的定义

弗洛伊德算法（Floyd-Warshall algorithm）是求解任意两点间的最短路径的一种算法，可以正确处理有向图或负权边的最短路径问题，同时也被用于计算有向图的传递闭包。

2. 弗洛伊德的原理

假设求从顶点 v_i 到 v_j 的最短路径。如果从 v_i 到 v_j 有边，则从 v_i 到 v_j 存在一条长度为 dis[i][j]（dis 为邻接矩阵）的路径，但是该路径不一定是最短路径，还需要再进行 n 次试探。首先考虑路径 <v_i, v_0, v_j> 是否存在（即 <v_i, v_0>、<v_0, v_j>），如果存在，则比较 <v_i, v_j> 和 <v_i, v_0, v_j> 的路径长度，然后取较小者为 v_i 到 v_j 的最短路径，且 v_i 到 v_j 的中间顶点的序号不大于 0。假如在路径上再增加一个顶点 v_1，也就是说，如果 <v_i, ⋯, v_1> 和 <v_1, ⋯, v_j> 分别是当前找到的中间顶点的序号不大于 0（即中间顶点可能是 v_0 或没有）的最短路径，那么 <v_i, ⋯, v_1, ⋯, v_j> 就有可能是从 v_i 到 v_j 的中间顶点的序号不大于 1 的最短路径。将它和已经得到的从 v_i 到 v_j 中间顶点序号不大于 0 的最短路径相比较，从中选出中间顶点的序号不大于 1 的最短路径之后，再增加一个顶点 v_2，继续进行试探。以此类推，直到增加了所有的顶点作为中间结点。

弗洛伊德算法的核心思想总结下来就是：不断增加中转顶点，然后更新每对顶点之间的最短距离。

通常从源点到终点并不是直接到达的，而是需要经过许多中转站来一步步到达。例如图 12-12，<v_4, v_5>、<v_5, v_2> 之间的距离分别为 4 和 5。可以看到，v_4 和 v_2 之间不能直接通达，如果要计算 v_4 和 v_2 之间的距离，我们就要借助 v_5 作为中转站，因此，v_4 到 v_2 的距离为 4+5=9。

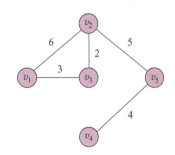

图 12-12 顶点中的距离计算

如果要计算 v_4 和 v_3 之间的距离呢？这个时候只借助 v_5 就无法完成任务了，还需要额外借助 v_2。因此，计算所有结点之间的最短距离这个大问题可以分为

在 k 个中转站的情况下，分别计算各结点之间的最短路径，其中，0≤k≤N，N 为结点总数。

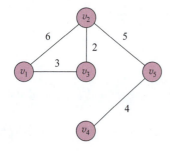

如图 12-13 所示，演示使用弗洛伊德算法求解每一对顶点之间的最短路径。

图 12-13　计算 <v_4，v_3> 距离

（1）在没有中转点的情况下，各个顶点之间的最短路径距离，用一个二维数组 dis 表示，如图 12-14 所示。

	v_1	v_2	v_3	v_4	v_5
v_1	0	5	3	∞	∞
v_2	5	0	2	∞	5
v_3	3	2	0	∞	∞
v_4	∞	∞	∞	0	4
v_5	∞	5	∞	4	0

图 12-14　二维数组表示距离

（2）假设 v_1 作为中转点，则理论上各个顶点之间的最短路径距离将会被更新。然而由于 v_2 经中转点 v_1 到 v_3 的距离大于 v_2 直接到 v_3 的距离（即 dis[v_2][v_1]+dis[v_1][v_3]>dis[v_2][v_3]），因此本次最短路径距离并未真正发生变化。

（3）再假设 v_1、v_2 作为中转点。此时 v_5 可以经 v_2 访问到 v_1 和 v_3，在没有中转的情况下，v_5 到 v_1 和 v_3 的最短距离都是无穷大，因此各个顶点之间的最短路径距离将会被更新，如图 12-15 所示。

（4）再假设 v_1、v_2、v_3 作为中转点。此时 v_1 经 v_3 访问 v_2 的距离小于直接访问 v_2 的距离（即 dis[v_1][v_3]+dis[v_3][v_2]<dis[v_1][v_2]），因此 v_1 到 v_2 的最短距离将会被更新；同时由于 v_1 需经 v_2 中转访问 v_5，因此 v_1 到 v_5 的最短距离也要同步更新，如图 12-16 所示。

（5）再假设 v_1、v_2、v_3、v_4 作为中转点。由于 v_4 是一个孤立的中转点，因此，各个顶点之间的最短路径并未发生真正变化。

	v_1	v_2	v_3	v_4	v_5
v_1	0	6	3	∞	11
v_2	6	0	2	∞	5
v_3	3	2	0	∞	7
v_4	∞	∞	∞	0	4
v_5	11	5	7	4	0

图 12-15　任意两点间距离表示

	v_1	v_2	v_3	v_4	v_5
v_1	0	5	3	∞	10
v_2	5	0	2	∞	5
v_3	3	2	0	∞	7
v_4	∞	∞	∞	0	4
v_5	10	5	7	4	0

图 12-16　<v_1，v_5>间距离更新

（6）假设 v_1、v_2、v_3、v_4、v_5 作为中转点。由于 v_2 经 v_5 中转可达 v_4 且距离小于 dis[v_2][v_4]，因此 v_2 到 v_4 的最短路径将会更新，且 v_1、v_3 到 v_4 的最短路径也会随之更新，如图 12-17 所示。

	v_1	v_2	v_3	v_4	v_5
v_1	0	5	3	14	10
v_2	5	0	2	9	5
v_3	3	2	0	11	7
v_4	4	9	11	0	4
v_5	10	5	7	4	0

图 12-17　v_1，v_2，v_3 与 v_4 间距离更新

（7）至此，所有的点都作为中转点，算法执行完毕。此时 dis 数组中存放的就是各个顶点之间的最短路径距离。

"哦,弗洛伊德算法在不断试探中寻找和更新了最短路径,真是'聪明'的算法呀!"

弗洛伊德算法的流程图如图 12-18 所示。

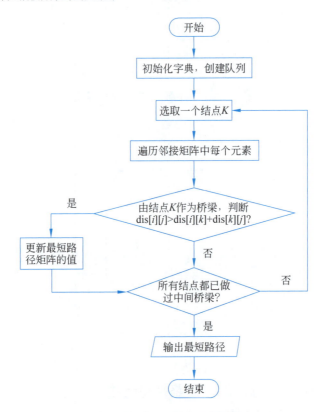

图 12-18 弗洛伊德算法的流程图

程序代码如下。

```
# 弗洛伊德算法
class Graph(object):
    def __init__(self, length: int, matrix: [], vertex: []):
        """
        :param length: 大小
        :param matrix: 邻接矩阵
        :param vertex: 顶点数组
        """
        # 保存,从各个顶点出发到其他顶点的距离,最后的结果,也保留在该数组
```

```python
        self.dis = matrix
        # 保存到达目标顶点的前驱顶点
        self.pre = [[0 for col in range(length)] for row in range(length)]
        self.vertex = vertex
        # 对 pre 数组进行初始化，存放的是前驱顶点的下标
        for i in range(length):
            for j in range(length):
                self.pre[i][j] = i
    # 显示 pre 数组和 dis 数组
    def show_graph(self):
        # 为了显示便于阅读，优化一下
        for k in range(len(self.dis)):
            # 先将 pre 数组输出的一行
            for i in range(len(self.dis)):
                pass
                # print(self.pre[k][i], end=" ")
                # print(self.vertex[self.pre[k][i]], end=" ")
                # 可加可不加，如果不注释可以看出前驱关系
            # 输出 dis 数组的一行数据
            print()
            for i in range(len(self.dis)):
                print('({} 到 {} 的最短路径是 {})'.format(self.vertex[k], self.vertex[i], self.dis[k][i]), end=" ")
            print()
            print()
    # 弗洛伊德算法
    def floyd(self):
        length: int = 0  # 变量保存距离
        # 对中间顶点的遍历，k 就是中间顶点的下标
        for k in range(len(self.dis)):  # ['A', 'B', 'C', 'D', 'E', 'F', 'G']
            # 从 i 顶点开始出发 ['A', 'B', 'C', 'D', 'E', 'F', 'G']
            for i in range(len(self.dis)):
                # 到达 j 顶点 ['A', 'B', 'C', 'D', 'E', 'F', 'G']
```

```
                    for j in range(len(self.dis)):
                        length = self.dis[i][k] + self.dis[k][j]
                        # 求出从 i 顶点出发，经过 k 中间顶点，到达 j 顶点距离
                        if length < self.dis[i][j]:
                            # 如果 length 小于 dis[i][j]
                            self.dis[i][j] = length    # 更新距离
                            self.pre[i][j] = self.pre[k][j]
                            # 更新前驱顶点

    if __name__ == '__main__':
        vertex: [] = ['A', 'B', 'C', 'D', 'E', 'F', 'G']
        # 邻接矩阵
        matrix: [] = [[0 for col in range(len(vertex))] for row in range(len(vertex))]
        # 用来表示一个极大的数
        F: float = float('inf')
        matrix[0] = [0, 5, 7, F, F, F, 2]
        matrix[1] = [5, 0, F, 9, F, F, 3]
        matrix[2] = [7, F, 0, F, 8, F, F]
        matrix[3] = [F, 9, F, 0, F, 4, F]
        matrix[4] = [F, F, 8, F, 0, 5, 4]
        matrix[5] = [F, F, F, 4, 5, 0, 6]
        matrix[6] = [2, 3, F, F, 4, 6, 0]
        g = Graph(len(vertex), matrix, vertex)
        # 调用弗洛伊德算法
        g.floyd()
        g.show_graph()
```

代码运行结果如下。

(A 到 A 的最短路径是 8) (A 到 B 的最短路径是 5) (A 到 C 的最短路径是 7) (A 到 D 的最短路径是 12) (A 到 E 的最短路径是 6) (A 到 F 的最短路径是 8) (A 到 G 的最短路径是 2)

(B到A的最短路径是5)(B到B的最短路径是9)(B到C的最短路径是12)(B到D的最短路径是9)(B到E的最短路径是7)(B到F的最短路径是9)(B到G的最短路径是3)

(C到A的最短路径是7)(C到B的最短路径是12)(C到C的最短路径是0)(C到D的最短路径是17)(C到E的最短路径是8)(C到F的最短路径是13)(到G的最短路径是9)

(0到A的最短路径是12))(D到B的最短路径是9))(D到C的最短路径是17)(D到D的最短路径是8)(D到E的最短路径是9)(D到F的最短路怪是4)(O到G的最短路径是10)

(E到A的最短路径是6)(E到B的最短路径是7)(E到C的最短路径是8)(E到D的最短路径是9)(E到E的最短路径是6)(E到F的最短路径是5)(E到G的最短路径是4)

(F到A的最短路径是8)(F到B的最短路径是9)(F到C的最短路径是13)(F到D的最短路径是4)(F到E的最短路径是5)(F到F的最短路径是6)(F到G的最短路径是6)

(G到A的最短路径是2)(G到B的最短路径是3)(G到C的最短路径是9)(G到D的最短路径是10)(G到E的最短路径是4)(G到F的最短路径是6)(G到G的最短路径是0)

进程已结束，退出代码0

从核心代码可以看出，每次更新的只是不超过3个点之间的最短路径，即在尝试向两点 i, j 之间插入第三点 k。若两点之间的最短路径长度大于2，弗洛伊德算法是如何寻找到的呢？

两点之间的最短路径分为3种情况：无路径，路径长度为1或2(即有一个中间顶点)，或者路径长度大于2(即有多个中间顶点)。对于前两种情况可以通过弗洛伊德算法很好地得到，对于第三种情况，例如，i 和 j 之间的最短路径为 $i \rightarrow k_1 \rightarrow k_2 \rightarrow \cdots \rightarrow k_m \rightarrow j$，通过对最短路算法的分析，显然该路径中任意两点 k_i, k_{i+2} 的最短路径仍属于该路径即 $k_i \rightarrow k_{(i+1)} \rightarrow k_{(i+2)}$，反过来说，只要找到所有长度小于或等于2的最短路径，就可以得到(组合为)任意两点之间的最短路径。

12.4 SPFA 算法

1. SPFA 算法的定义

SPFA 是 Shortest Path Fastest Algorithm 的缩写。在通常情况下，SPFA 是一种比较高效的求解最短路径的算法。SPFA 的本质是广度优先搜索，将图中所有的边都遍历一遍。平均时间复杂度是 $O(m)$，最坏时间复杂度是 $O(mn)$，其中，m 是图的边数。

2. SPFA 算法的原理

用数组 dis 记录每个结点的最短路径估计值，用邻接表或邻接矩阵来存储图 G。采取动态逼近法，如图 12-19 所示，设立一个先进先出的队列用来保存待优化的结点，优化时每次取出队首结点 u，并且用 u 点当前的最短路径估计值对离开 u 点所指向的结点 v 进行松弛操作，如果 v 点的最短路径估计值有所调整，且 v 点不在当前的队列中，就将 v 点放入队尾。这样不断从队列中取出结点来进行松弛操作，直至队列为空。

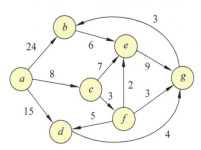

图 12-19 SPFA 算法的原理

"老师，您说的'松弛操作'是什么意思呀？"

"小萌，'松弛操作'是最短路径问题求解中，人们发明的一种基础算法，其实迪杰斯特拉算法和弗洛伊德算法中都有'松弛操作'。'松弛'或'放松'某一顶点，就是对所有从该顶点发出的边进行探测，判断一个顶点能不能有更好的路径选择，已知的最短路径能不能有更短的过程。"

"我们在执行算法的时候，要判断图是否带有负环，有两种方法。"

（1）开始算法前，调用拓扑排序进行判断（一般不采用，浪费时间）。

（2）如果某个点进入队列的次数超过 N 次则存在负环（N 为图的顶点数）。

实现 SPFA 算法需要一个队列 q，一个标记数组 vis[N] 用来标记某点是否在队列中。数组 dist[N] 用来存储起点到某个点的最短距离。

（1）初始化 dist 数组为正无穷。

（2）从起点开始枚举每个点的所有子结点，设父结点到子结点的距离为 s，父结点到起点的距离为 dist[u]，子结点到起点的距离为 dist[v]，如果

$$dist[u]+s>dist[v]$$

当且仅当上式成立时就更新 dist[v]，如果 v 没有在队列中，就将 v 入队。SPFA 算法的代码如下。

```python
import queue
def spfa(que, Dis, Map_D):
    q = queue.Queue()              # 创建队列对象
    q.put(1)                       # 开始结点 1 号入队
    que[1] = 1                     # 标识其在队列中
    Dis[1] = 0
    while not q.empty():           # 判断队列是否为空
        u = q.get()                # 弹出队首结点
        que[u] = 0
        for v in Map_D[u]:         # 遍历 u 的所有邻接边 u->v
            dis_v = Map_D[u][v]
            if Dis[v] > (Dis[u] + dis_v):    # 判断权值是否满足条件
                Dis[v] = Dis[u] + dis_v
                if que[v] == 0:    # 如果 v 不在队列中，将 v 加入队列
                    que[v] = 1
                    q.put(v)
if __name__ == "__main__":
    n, m = map(int, input("输入两个数").split())  #N 个点 m 条有向边
    map_D = {}
```

```
        dis = [float('inf') for i in range(n + 1)]
        in_queue = [0 for i in range(n + 1)]    # 用来判断结点是否在队
                                                # 列中
        for i in range(m):
            u, v, l = map(int, input("输入三个数").split())
    # u 代表一个点，v 代表 u 相邻的点，l 代表 u 和 v 之间的有向距离即权值
            # 使用一种特殊的字典，该字典的值也为字典，来表示 u 到 v 可达及其权
            # 值 l 为字典的字典存放 u 到 v 的和其的权值 l 如 {1:{2:-1}} 表示 1
            # 号点到 2 号点可达，且权值为 -1
            map_D.setdefault(u, {})[v] = l
        spfa(in_queue, dis, map_D)
        for i in range(2, n + 1):
            print(dis[i])
```

代码运行结果如下。

```
输入三个数 1 2 -1
输入三个数 2 3 -1
输入三个数 3 1  2
-1
-2
```

SPFA 不是盲目地做松弛操作，而是用一个队列保存当前做了松弛操作的结点。只要队列不空，就可以继续从队列里面取点。SPFA 算法大致流程是用一个队列来进行维护。初始时将源加入队列。每次从队列中取出一个元素，并对所有与他相邻的点进行松弛，若某个相邻的点松弛成功，如果该点没有在队列中，则将其入队，直到队列为空时算法结束。

> **注意：**
> SPFA 无法处理带负环的图，判断有无负环的依据是：如果某个点进入队列的次数超过 N 次（N 为图的顶点数），则存在负环。

【问题 12-1】 简述迪杰斯特拉算法、弗洛伊德算法和 SPFA 算法的区

别和特点。

【问题 12-2】 求图 12-20 中的最佳路径。

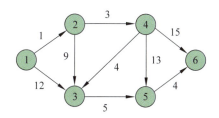

图 12-20　求最佳路径

"本单元在补充图论基础概念的前提下，先后讲解了单源最短路径求解的迪杰斯特拉算法、弗洛伊德算法和SPFA算法，介绍了算法的基本实现原理和Python语言中的实现方式。期待大家能通过本单元的学习，从此踏上人工智能学习之旅。"

1. 迪杰斯特拉算法的时间复杂度为（　　）。
   A. $O(n^2)$　　　　B. $O(n^3)$　　　　C. $O(n)$　　　　D. $O(n\log n)$
2. 弗洛伊德算法与迪杰斯特拉算法的区别是（　　）。
   A. 迪杰斯特拉算法处理的对象是多元最短
   B. 时间复杂度
   C. 弗洛伊德算法能解决负环（反向）
   D. 弗洛伊德算法能解决负权

3. SPFA 算法的时间复杂度为（　　）。

　　A. $O(n^2)$　　　　B. $O(n^3)$　　　　C. $O(ne)$　　　　D. $O(n)$

4. 迪杰斯特拉 (Dijkstra) 算法按照路径长度递增的方式求解单源点最短路径问题，该算法运用的策略是（　　）。

　　A. 贪心　　　　B. 分而治之　　　C. 动态规划　　　D. 试探 + 回溯

1. 人工智能与机器学习的基本概念

人工智能（Artificial Intelligence，AI）是模拟、延伸和拓展人类智能的技术科学，包括研究与开发与之相关的理论、方法、技术及应用系统。人工智能是计算机科学的一个分支，该领域的研究目前包括机器人、语言识别、图像识别、自然语言处理和专家系统等，其应用领域正在不断扩大。未来人工智能可以对人的意识、思维的信息过程进行模拟。人工智能虽然不是人的智能，但能像人那样思考，也可能超过人的智能。以预测为例，人类智能与人工智能实现预测过程的对比如图A-1所示。

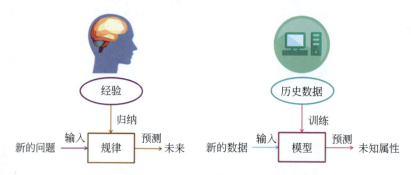

图 A-1 人类智能与人工智能实现预测过程的对比

人工智能与 Python 联系紧密。在 Python 的应用生态中，有很多人工智能的第三方库，如 NumPy、NLTK、sk-learn、pandas、PyTorch 等，都非常适合人工智能和科学计算，通过这些库可以轻松实现已有的人工智能算法。

机器学习是从数据中自动分析获得模型，并利用模型对未知数据进行预测的方法，是人工智能的一种重要实现路径。简言之，机器学习就是从数据中提取知识。它是统计学、人工智能和计算机科学交叉的研究领域，也被称为预测分析（predictive analytics）或统计学习（statistical learning）。

如今，机器学习已经应用到日常生活的方方面面，从购物网站为用户个性化推荐商品，到智能手机利用人脸管理照片；从寻找系外行星到分析 DNA 序列，机器学习都发挥着核心的作用。

2. 机器学习的基本过程

机器学习是一门人工智能科学，它涵盖了概率论知识、统计学知识、近似理论知识和复杂算法知识，通过计算机对模型进行运算，模拟人类学习方式，并将现有内容进行知识结构划分来有效提高学习效率。机器学习的基本过程可以概括为以下8步。

（1）需求及目标的确定。

任何领域的应用都要首先明确任务的需求和目标，机器学习也不例外，学习的对象是什么？对机器学习的分析预测的期望效果如何？只有弄清这些问题，才能围绕任务目标进行有效的机器学习设计。

（2）收集数据。

在明确了目标之后，就要考虑从哪里获取数据的问题。机器学习所要处理的对象首先是历史数据和迭代输入的新数据。本地存储数据、既有数据库、网络数据等都可作为机器学习的数据来源。

（3）数据预处理。

我们将从各种渠道收集来的数据称为原始数据。原始数据受自身完整性、有效性以及模型对数据的要求等诸多因素限制，往往是不能直接有效地用于机器学习的。因此对原始数据进行检查、修正、分类等工作非常重要，这些工作统称为数据预处理。

数据检查主要是检查数据合理性与数据的有效性。例如，在在校大学生年龄中发现有小于5岁或者大于90岁的数据，显然是不合理的。再如，在近三年城市交通信息中发现了有5年前的数据，显然数据的有效性没有得到满足。

检查数据环节完毕，就要对有问题的数据进行修正，这一过程也被称为"数据清洗"。去除重复的数据、添补或者删除缺失数据、定位异常值并进行修订，这些都是常见的数据清洗的方法。

数据清洗完成之后，还需要对数据集进行划分，一部分用于训练模型，称为训练集；另一部分用于评估模型的正确性，称为测试集。

（4）特征工程。

数据和特征决定了机器学习的上限，而模型和算法只是逼近这个上限而已，可见数据特征对于机器学习效果是起决定作用的。特征工程是使用专业背景知识和技巧处理数据，使得特征能在机器学习算法上发挥更好的作用的过程。

特征工程的内容包括：特征抽取、特征预处理和特征降维。

特征抽取就是将图像、文本等任意数据转换为可用于机器学习的数字特征。例如，通过第三方库jieba实现中文文本的分词，这一过程即可用于文本数据的特征抽取。

特征预处理就是通过一些转换函数将特征数据转换成更加适合算法模型的特征数据过程。例如，对数值型数据进行的归一化和标准化，就属于特征预处理。

特征降维是指在某些限定条件下，降低特征的个数。特征过多的时候使用模型,往往会因为模型的学习能力,对一些不是主要因素的特征进行了学习,误把其作为重要的参考依据。因此也需要通过特征剔除的方法对这类特征进行排除。主要的方法有特征选择法和主成分分析两种方法。

(5)模型训练。

在数据和特征都准备好了之后,就可以根据机器学习的目标进行模型选择。具体可运用分类、回归、聚类等训练方法。根据不同的目标选择不同的机器学习模型,再将训练数据集放入模型中进行模型训练即可。

(6)模型评估。

模型评估,主要是对模型训练后在测试集上进行预测的结果和真实结果的误差进行评估。根据特征和模型的不同,每次出来的结果也会不同。在模型评估中,若出现欠拟合与过拟合,则需要在后续机器学习中对模型实施优化。

(7)模型优化。

模型优化是为了更好地提高模型的效果。例如,让模型尽可能地在不同的数据分布中都能保持较好的效果,提升模型评估的稳定性,或在现有评估效果上,通过调整不同的模型参数,进一步提高模型的效果。

(8)模型部署。

模型部署即执行完模型的最终应用,依据不同的应有场景,可分为离线部署或在线部署等方式。在真实的机器学习中,随着部署时间的推移、数据的变换和迭代,模型会出现效果衰减,所以,后续的模型调整和优化也是至关重要的。

机器学习的基本流程如图 A-2 所示。

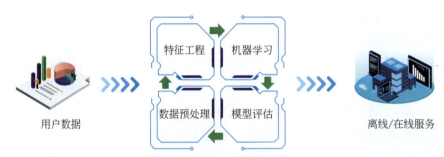

图 A-2　机器学习的基本流程

3. 机器学习的分类

机器学习分为监督学习、无监督学习、半监督学习和强化学习四类,下面对这四类机器学习进行简要的介绍。

（1）监督学习 (Supervised learning)。

监督学习的输入数据是由输入特征值和目标值所组成。如果算法的输出是一个连续值，称为回归；若输出是有限个离散值，则称作分类。

典型分类算法有：K-近邻算法、贝叶斯分类、决策树与随机森林、逻辑回归、神经网络。

典型回归算法有：线性回归、岭回归。

（2）无监督学习 (Unsupervised Learning)。

无监督学习意味着输入数据没有被标记，也没有确定的结果，即无具体目标值。由于样本数据类别未知，所以需要根据样本间的相似性对样本集进行分类，也称为聚类。聚类的目的是试图使类内差距最小化，类间差距最大化。

典型聚类算法有：K-means、PCA 降维。

（3）半监督学习 (Semi-Supervised Learning)。

半监督学习的一部分数据有目标，而一部分数据无目标。主要使用于监督学习效果不能满足需求时，就使用半监督学习来增强学习效果。

（4）强化学习 (Reinforcement Learning)。

强化学习主要用于自动决策，并且支持连续决策。也就是说，整个过程都是动态的，上一步数据的输出是下一步数据的输入。

4. Python 中常用的人工智能与机器学习算法

Python 中常用的人工智能与机器学习算法如表 A-1 所示。

表 A-1　常用的人工智能与机器学习算法

算法名称	算法类别	算法简介
K-means	聚类算法	K 均值聚类算法（K-means clustering algorithm）是一种迭代求解的聚类分析算法，其步骤是：预将数据分为 K 组，则随机选取 K 个对象作为初始的聚类中心，然后计算每个对象与各个种子聚类中心之间的距离，把每个对象分配给距离它最近的聚类中心。聚类中心以及分配给它们的对象就代表一个聚类。每分配一个样本，聚类的聚类中心会根据聚类中现有的对象被重新计算。这个过程将不断重复直到满足某个终止条件。终止条件可以是没有（或最小数目）对象被重新分配给不同的聚类，没有（或最小数目）聚类中心再发生变化，误差平方和局部最小

续表

算法名称	算法类别	算法简介
AGNES	层次聚类算法	AGNES(AGglomerative NESting)算法是凝聚的层次聚类方法。AGNES最初将每个对象作为一个簇，然后这些簇根据某些准则被一步一步地合并。例如，在簇A中的一个对象和簇B中的一个对象之间的距离是所有属于不同簇的对象之间最小的，AB可能被合并。这是一种单链接方法，其每一个簇都可以被簇中所有对象代表，两个簇间的相似度由这两个簇中距离最近的数据点的相似度来确定。聚类的合并过程反复进行直到所有的对象最终合并形成一个簇。在聚类中，用户能定义希望得到的簇数目作为一个结束条件
DBSCAN	密度聚类算法	DBSCAN(Density-Based Spatial Clustering of Applications with Noise)是一种基于密度的聚类方法，该方法聚类前不需要预先指定聚类的个数，生成的簇的个数不定（和数据有关）。该算法利用基于密度的聚类的概念，即要求聚类空间中的一定区域内所包含对象（点或其他空间对象）的数目不小于某一给定阈值。该方法能在具有噪声的空间数据库中发现任意形状的簇，可将密度足够大的相邻区域连接，能有效处理异常数据
线性回归	预测算法	线性回归（Linear Regression）是一种通过对样本特征进行线性组合来进行预测的线性模型，其目的是找到一条直线或者一个平面或者更高维的超平面，使得预测值与真实值之间的误差最小
岭回归	预测算法	岭回归(ridge regression, Tikhonov regularization)是一种专用于共线性数据分析的有偏估计回归方法，实质上是一种改良的最小二乘估计法，通过放弃最小二乘法的无偏性，以损失部分信息、降低精度为代价获得回归系数更为符合实际、更可靠的回归方法，对病态数据的拟合要强于最小二乘法
Lasso回归	预测算法	Lasso（Least absolute shrinkage and selection operator）是一种压缩估计。它通过构造一个惩罚函数得到一个较为精炼的模型，使得它压缩一些回归系数，即强制系数绝对值之和小于某个固定值；同时设定一些回归系数为零。因此保留了子集收缩的优点，是一种处理具有复共线性数据的有偏估计

续表

算法名称	算法类别	算法简介
先来先服务（FCFS）	调度算法	先来先服务（FCFS）调度算法是一种最简单的调度算法，该算法既可用于作业调度，也可用于进程调度。当在作业调度中采用该算法时，每次调度都是从后备作业队列中选择一个或多个最先进入该队列的作业，将它们调入内存，为它们分配资源、创建进程，然后放入就绪队列。在进程调度中采用FCFS算法时，则每次调度是从就绪队列中选择一个最先进入该队列的进程，为之分配处理机，使之投入运行。该进程一直运行到完成或发生某事件而阻塞后才放弃处理机
最短作业优先（SJF）	调度算法	最短作业优先（Shortest Job First, SJF）是以作业的长短来计算优先级，作业越短，其优先级越高。作业的长短是以作业所要求的运行时间来衡量的。SJF算法可以分别用于作业调度和进程调度。在把短作业优先调度算法用于作业调度时，它将从外存的作业后备队列中选择若干个估计运行时间最短的作业，优先将它们调入内存运行
优先级调度	调度算法	优先级调度算法又称优先权调度算法，它可以分别用于作业调度和进程调度。该算法中的优先级用于描述作业运行的紧迫程度。在作业调度中，优先级调度算法每次从后备作业队列中选择优先级最高的一个或几个作业，将它们调入内存，分配必要的资源，创建进程并放入就绪队列。在进程调度中，优先级调度算法每次从就绪队列中选择优先级最高的进程，将处理机分配给它，使之投入运行
支持向量机	分类算法	支持向量机（SVM）是一种经典的二分类模型（通过额外处理也可以得到多分类模型），可以理解为在特征空间中去寻找一个超平面，这个平面离所分类的特征距离最远。其基本模型定义为特征空间上的间隔最大的线性分类器，即支持向量机的学习策略便是间隔最大化，最终可转换为一个凸二次规划问题的求解
K-近邻算法	分类算法	K-最近近邻（K-Nearest Neighbor, KNN）分类算法，是一个理论上比较成熟的方法，也是最简单的机器学习算法之一。该方法的思路是：在特征空间中，如果一个样本附近的K个最近（即特征空间中最邻近）样本的大多数属于某一个类别，则该样本也属于这个类别

续表

算法名称	算法类别	算法简介
随机森林	分类算法	随机森林是一个包含多个决策树的分类器,并且其输出的类别是由个别树输出的类别的众数而定。其实从直观角度来解释,每棵决策树都是一个分类器,那么对于一个输入样本,N棵树会有N个分类结果。随机森林是多个决策树的组合,最后的结果是各个决策树结果的综合考量
迪杰斯特拉算法	路径算法	迪杰斯特拉算法(Dijkstra)又称狄克斯特拉算法,是从一个顶点到其余各顶点的最短路径算法,解决的是有权图中最短路径问题。迪杰斯特拉算法主要特点是从起始点开始,采用贪心算法的策略,每次遍历到始点距离最近且未访问过的顶点的邻接结点,直到扩展到终点为止
弗洛伊德算法	路径算法	弗洛伊德算法(Floyd-Warshall algorithm)又称为插点法,是一种利用动态规划的思想寻找给定的加权图中多源点之间最短路径的算法,与Dijkstra算法类似。该算法可以正确处理无向图或有向图或负权(仅适合权值非负的图)的最短路径问题,同时也被用于计算有向图的传递闭包
SPFA算法	路径算法	SPFA(Shortest Path Faster Algorithm)算法是求单源最短路径的一种算法,它是一种十分高效的最短路算法。SPFA 算法是 Bellman-Ford 算法的队列优化算法,通常用于求解负权边的单源最短路径,以及判断负环。在最坏的情况下,SPFA 算法的时间复杂度和 Bellman-Ford 算法相同,为$O(nm)$;但在系数图上运行效率较高,为$O(km)$,其中,k是一个较小的常数

5. Python 常用支持人工智能与机器学习的第三方库

在庞大的 Python 应用生态中,数以万计的第三方库为各个领域的 Python 应用提供了解决问题的强大工具。作为应用热点,支持人工智能、机器学习领域的 Python 第三方库也层出不穷。如今,至少有近百种第三方库均对 Python 的人工智能和机器学习的各个环节以及核心算法的实现提供了有效的支持。表 A-2 列举了其中最为常见和基础的第三方库,供学习者初步了解这些库的功能概况。

表 A-2　支持人工智能与机器学习的常用第三方库

第三方库名称	功　能　简　介
pandas	数据处理、数据清洗的专用库。在机器学习过程中，pandas 可以对 CSV、JSON、SQL、Excel 等格式的数据集实现导入，并进行归并、再成形、选择等数据运算，实现数据清洗和数据特征加工
NumPy	NumPy 支持大量的维度数组与矩阵运算，提供了大量数组运算的数学函数库。NumPy 通常和 SciPy 及 Matplotlib 一起使用，这种组合广泛用于替代 MATLAB，是一个强大的科学计算环境，有助于通过 Python 学习数据科学或者机器学习
matplotlib	Matplotlib 是 Python 的绘图库，用于数据可视化分析。它提供了一整套和 MATLAB 相似的命令 API，可以生成出版质量级别的精美图形，Matplotlib 使绘图变得非常简单，在易用性和性能间取得了优异的平衡
SciPy	SciPy 是一个开源的 Python 算法库和数学工具包。SciPy 包含的模块有最优化、线性代数、积分、插值、特殊函数、快速傅里叶变换、信号处理和图像处理、常微分方程求解和其他科学与工程中常用的计算。它用于有效计算 NumPy 矩阵，使 NumPy 和 SciPy 协同工作，高效解决问题
sk-learn	是针对 Python 编程语言的免费软件机器学习库。它具有各种分类、回归和聚类算法，包括支持向量机、随机森林、梯度提升、K 均值和 DBSCAN，并且旨在与 Python 数值科学库 NumPy 和 SciPy 联合使用